Marco Nink

Engagement Index

Marco Nink

Engagement Index

Die neuesten Daten und Erkenntnisse der Gallup-Studie

REDLINE | VERLAG

Bibliografische Information der Deutschen Nationalbibliothek:
Die Deutsche Nationalbibliothek verzeichnet diese Publikation in der Deutschen Nationalbibliografie. Detaillierte bibliografische Daten sind im Internet über http://dnb.d-nb.de abrufbar.

Für Fragen und Anregungen:
lektorat@redline-verlag.de

1. Auflage 2018

Nymphenburger Straße 86
D-80636 München
Tel.: 089 651285-0
Fax: 089 652096

Redaktion: Merle Perschmann, Gallup
Lektorat: Nina Berensmann, Gallup
Umschlaggestaltung: Laura Osswald, München
Umschlagabbildung: Gallup
Satz: Daniel Förster, Belgern
Druck: Florjančič Tisk d.o.o., Slowenien
Printed in EU

ISBN Print 978-3-86881-706-5
ISBN EBook (PDF) 978-3-96267-081-8
ISBN EBook (EPub, Mobi) 978-3-96267-082-5

Weitere Informationen zum Verlag finden Sie unter

www.redline-verlag.de

Beachten Sie auch unsere weiteren Verlage unter www.m-vg.de

Inhalt

Einleitung
Deutschlands renommierteste Studie zur Arbeitsplatzqualität

»Die Mitarbeiter sind unser wichtigstes Kapital«, »Was wir sind, sind wir durch unsere Mitarbeiter«, »Unser Unternehmen ist eine Familie« – auf Karriere-Websites, in Geschäftsberichten oder bei Vorträgen betonen Firmen gerne die Bedeutung ihrer Mitarbeiter[1] für ihren Geschäftserfolg. Doch wie sieht die Realität aus? Handelt es sich dabei nur um leere Worthülsen oder stehen Arbeitnehmer tatsächlich im Fokus aller Bemühungen und erhalten die Aufmerksamkeit, die sie scheinbar verdienen? Wie beurteilen die Beschäftigten die erlebte Führung? Gelingt es Führungskräften hierzulande, die zentralen emotionalen Bedürfnisse ihrer Mitarbeiter, wie beispielsweise Rückmeldung zur Arbeitsleistung oder Möglichkeiten zur Weiterentwicklung, zu erfüllen?

Diese und weitere Fragen untersuchen wir in Deutschland seit dem Jahr 2001 mit dem Gallup Engagement Index, der anhand von zwölf Kriterien zum Arbeitsplatz und -umfeld Auskunft darüber gibt, wie es um die emotionale Bindung von Mitarbeitern und damit um ihre Motivation bei der Arbeit bestellt ist. Emotional gebundene Beschäftigte sind mit Hand, Herz und Verstand bei der Arbeit. Daher ist emotionale Mitarbeiterbindung nicht mit Zufriedenheit zu verwechseln – denn ein gleichgültiger Arbeitnehmer kann trotzdem zufrieden sein. Im Kontrast dazu haben emotional gebundene Mitarbeiter einen inneren Antrieb, Spitzenleistung zu erbringen, und legen unaufgefordert Verhaltensweisen an den Tag, die die Leistungs- und Wettbewerbsfähigkeit von Unternehmen positiv beeinflussen.

Für den Engagement Index werden jedes Jahr mindestens 1000 abhängig Beschäftigte ab 18 Jahren nach einem mehrstufigen Zufallsprinzip ausgewählt und mittels computergestützter Telefoninterviews (CATI) befragt. Berücksichtigung finden dabei Frauen ebenso wie Männer, Vollzeitbeschäftigte genauso wie Teilzeitbeschäftigte, Arbeitnehmer aus allen Altersgruppen, Bildungsschichten, Berufsgruppen, Mitarbeiter aller Unternehmensgrößen und Branchen. Auch Arbeitnehmer, die eine Vorgesetztenfunktion innehaben, also Personalverantwortung für Mitarbeiter tragen, sind Bestandteil der Stichprobe. Kurz gesagt:

Die Ergebnisse des Gallup Engagement Index sind repräsentativ für die Arbeitnehmerschaft in Deutschland.

Als wir den Gallup Engagement Index vor 17 Jahren zum ersten Mal in Deutschland durchführten, ging es uns vor allem um eine Bestandsaufnahme. Inzwischen hat er sich durch seine hohe Aktualität und Relevanz, Verlässlichkeit und Unabhängigkeit – Erhebung und Auswertung werden ausschließlich von Gallup selbst finanziert – als eine der renommiertesten, meistzitierten und umfangreichsten Studie zur emotionalen Mitarbeiterbindung in Deutschland etabliert. Die regelmäßige Durchführung der Untersuchung mit von Jahr zu Jahr identischen und variierenden Themen hat eine Datenbreite und -tiefe erzeugt, die belastbare Aussagen zu einer Vielzahl von arbeitsplatzbezogenen Aspekten zulässt und es ermöglicht, Entwicklungen im Zeitverlauf beobachten und kommentieren zu können. So stand zum Beispiel das Thema flexibles Arbeiten schon auf unserer Forschungsagenda, lange bevor es unter dem Stichwort »Homeoffice« in der breiten Öffentlichkeit diskutiert wurde. Unsere Datenreihe zu diesem Thema zeigte, dass »My home is my office« seitdem nicht zum Massenphänomen geworden ist. Im Jahr 2016 arbeiteten genauso viele Beschäftigte teilweise zu Hause wie bereits 15 Jahre zuvor. Allerdings hat sich der Anteil der Wochenarbeitszeit der Homeoffice-Gruppe erhöht: von 22 Prozent im Jahr 2001 auf zuletzt (2016) 30 Prozent.

Auch zu heiklen Themen wie Diebstahl am Arbeitsplatz wurden Erkenntnisse gewonnen. Sechs Prozent der Beschäftigten hierzulande erklärten im Jahr 2015, dass sie in den vergangenen zwölf Monaten bei der Arbeit etwas entwendet haben, wie beispielsweise Material, Werkzeuge, Papier, Briefumschläge, Stifte, Aktenordner oder Ähnliches. Beim Blick auf die demografischen Merkmale zeigte sich, dass es den typischen »Mitarbeitertäter« nicht gibt. Werden die Befragungsdaten auf die Arbeitnehmerschaft in Deutschland hochgerechnet, entspricht dies 5,4 Millionen Langfingern. Im Jahr 2016 gab es laut polizeilicher Kriminalstatistik 123 117 polizeilich erfasste Diebstähle aus Firmengebäuden.[2] Nicht alle gehen dabei auf Mitarbeiter, sondern auch auf Kunden und Besucher zurück. Die polizeiliche Kriminalstatistik differenziert nämlich nicht nach Tätergruppen. Mit Blick auf die Daten aus dem Engagement Index bedeutet dies aber, dass sehr viele Diebstähle durch Mitarbeiter entweder unbemerkt bleiben oder zumindest nicht zur Anzeige gebracht werden.

Im Rahmen des Engagement Index wurde im Laufe der Zeit auch Überraschendes zutage gefördert, wie im Jahr 2004 der Befund, dass ein Viertel der Arbeitnehmer (25 Prozent) von ihrer Führungskraft im Arbeitsalltag nicht mit dem bevorzugten Namen oder Spitznamen angeredet wurde. Ein Anhaltspunkt dafür, dass sich Führungskräfte nicht genug mit ihren Mitarbeitern als Individuum auseinandersetzen. Übrigens: Auch durch Kollegen kam es zur Falschanrede, aber deutlich seltener (zwölf Prozent).

Nachdenklich stimmte im Jahr 2006 das Ergebnis, dass nur jeder zweite Beschäftigte (53 Prozent) seine berufliche Laufbahn unter Berücksichtigung seiner Talente eingeschlagen hat. Da scheint es wenig verwunderlich, dass die Mehrheit der Arbeitnehmer hierzulande eine Position ausfüllt, die ihnen nicht wirklich hundertprozentig liegt. Daran hat sich im Zeitverlauf wenig verändert. Damals wie zuletzt stimmte der Aussage »Bei der Arbeit kann ich jeden Tag das tun, was ich am besten kann« nur rund jeder dritte Beschäftigte ohne Wenn und Aber zu (2001: 31 Prozent; 2007: 33 Prozent; 2013: 38 Prozent; 2018: 36 Prozent). Dabei zeigte Gallups Forschung, dass in Arbeitsgruppen, in denen alle Teammitglieder der besagten Aussage uneingeschränkt zustimmten, die Produktivität gegenüber einer durchschnittlichen Arbeitsgruppe um 15 Prozent höher lag. Zum Vergleich: Teams, deren Mitglieder die zweitbeste Antwortoption auf einer Fünf-Punkte-Skala wählten, erreichten, verglichen mit einer durchschnittlichen Arbeitsgruppe, eine nur um ein Prozent höhere Produktivität.[3] Der Unterschied in der Produktivität ist somit davon abhängig, inwieweit Arbeitnehmer ihre Talente und Stärken anwenden und nutzen können. Es macht also einen Unterschied, ob die Beschäftigten ihre Talente und Stärken voll und ganz oder lediglich, aber immerhin, einigermaßen gut einsetzen können.

Bei der Zusammenstellung der Daten für dieses Buch bestand die große Herausforderung nun darin, aus der Vielzahl von Themen und Ergebnissen diejenigen auszuwählen, die für eine breite Öffentlichkeit von Interesse sind. Dies war keine leichte Aufgabe, soll die Publikation doch datenbasiert Einsichten geben, Ansichten vermitteln, zur Reflexion anregen und inspirieren. Die Entscheidung fiel daher zugunsten von Aspekten, zu denen uns regelmäßig Anfragen erreichen oder die uns in unserer Beratungspraxis häufig begegnen, wie etwa – vor dem Hintergrund des Fachkräftemangels – die Frage, wie sich die Treue der Belegschaft fördern und Fluktuation möglichst vermeiden lässt. Denn für 60 Prozent der Unternehmen hierzulande ist der Fachkräftemangel inzwischen das Geschäftsrisiko Nummer eins. Die Hälfte der Betriebe hat Schwierigkeiten, offene Stellen mit Fachkräften zu besetzen.[4] Darüber hinaus werden auch regelmäßig grundlegende Fragestellungen an uns herangetragen, wie beispielsweise welchen Einfluss die Führungsqualität auf die Innovationskraft oder Kundenorientierung eines Unternehmens hat.

Bei der vorliegenden Publikation handelt es sich gegenüber der im Jahr 2014 erstmals erschienenen Buchfassung des Engagement Index um eine vollständig überarbeitete und erweiterte Ausgabe, das heißt, dass bestehende Kapitel durch die jeweils jüngst verfügbaren Daten aktualisiert sowie um neue Forschungsbefunde ergänzt wurden. Darüber hinaus wurde eine Vielzahl von neuen Themen aufgenommen, wie beispielsweise was Beschäftigten am Arbeitsplatz wichtig ist und wie zufrieden sie mit diesen Aspekten sind, wie die Chancengleichheit am Arbeitsplatz wahrgenommen wird oder wie es um die Quantität und Qualität von Mitarbeitergesprächen, die für das Performance-Management eine zentrale Rolle spielen, hierzulande bestellt ist.

Auch sind in die vorliegende Ausgabe bereits die Erkenntnisse unserer jüngsten Untersuchung (2018) eingeflossen, die unter anderem die Auswirkungen neuer Technologien auf die Arbeit und das Leben der Beschäftigten sowie die wahrgenommene Agilität des Arbeitgebers zum Gegenstand hatte. In diesem Kontext wurden verschiedene mit dem Thema Agilität in Verbindung stehende Komponenten und deren Realisierung untersucht.

Kern und Ausgangspunkt unserer Untersuchung bleibt jedoch die Frage nach der emotionalen Bindung der Arbeitnehmer an ihr Unternehmen. Und hier ergibt sich für Deutschland seit Jahren ein eher ernüchterndes Bild: Zuletzt (2018) verfügten nur 15 Prozent der Beschäftigten über eine hohe emotionale Bindung an ihren Arbeitgeber und gingen dementsprechend ihrer Arbeit mit Hand, Herz und Verstand nach. Demgegenüber hatten 14 Prozent der Arbeitnehmer die innere Kündigung bereits vollzogen.

ENGAGEMENT INDEX IM ZEITVERLAUF (2001 – 2018)

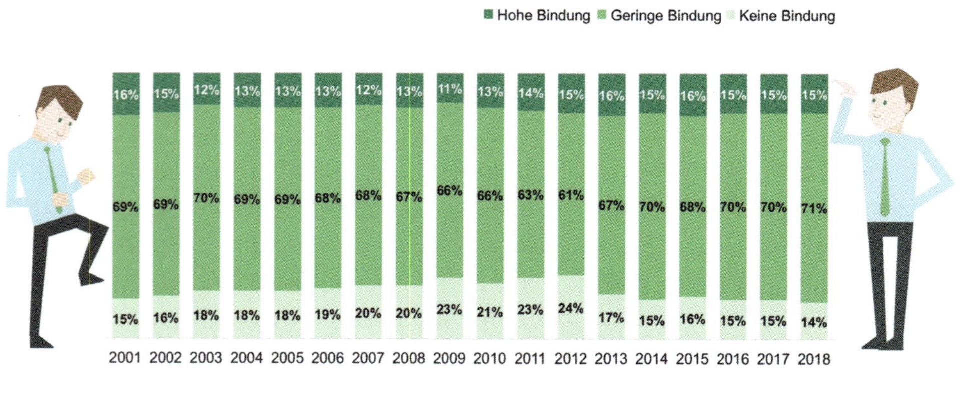

Basis: Arbeitnehmer ab 18 Jahre in der Bundesrepublik Deutschland

In der Regel steigen die meisten Beschäftigten hoch motiviert in ein Unternehmen ein, werden dann aber durch Erfahrungen in ihrem Arbeitsumfeld zunehmend desillusioniert, verabschieden sich irgendwann gedanklich ganz aus dem Unternehmen und kündigen innerlich. Die Hauptrolle in diesem Prozess spielt fast immer der direkte Vorgesetzte, der das Arbeitsumfeld am stärksten prägt. Seine Bedeutung lässt sich daran erkennen, dass 75 Prozent der Gründe, die für ungewollte Fluktuation genannt werden, direkt von der Führungskraft beeinflusst werden können.[5] Das heißt: Aus motivierten Mitarbeitern werden Verweigerer, wenn sie in einem Arbeitsumfeld tätig sind, in dem ihre zentralen emotionalen Bedürfnisse bei der Arbeit über einen längeren Zeitraum ignoriert werden. Zunächst wird Arbeit zum Ärgernis, dann zur Last und schließlich zur Qual. Kurzum: Innere Kündigung geht auf Defizite in der Personalführung zurück.

Die Folgen schlechter Führung sind fatal: Mitarbeiter, die emotional nicht an ihr Unternehmen gebunden sind, zeigen weniger Eigeninitiative, Leistungsbereitschaft und Verantwortungsbewusstsein. Zudem fehlen sie häufiger und sind schneller bereit, den Arbeitgeber zu wechseln. Die Kosten, die der deutschen Wirtschaft im Jahr 2016 aufgrund von Fehlzeiten durch mangelnde emotionale Bindung der Beschäftigten entstanden, lagen bei rund sieben Milliarden Euro. In Bezug auf die Fluktuation ergaben sich im Jahr 2018 durch Defizite in der emotionalen Bindung für einen 1000-Mitarbeiter-Betrieb Kosten, unter anderem aufgrund von Bewerbungsverfahren und Einarbeitung, in Höhe von mehr als 615000 Euro. Nicht eingerechnet in diese Summe sind die negativen Auswirkungen auf Betriebsklima und Kundenbeziehungen.

Zudem hat fehlende emotionale Bindung Auswirkungen auf die Innovationskraft von Unternehmen. Daten aus dem Jahr 2012 zeigen, dass emotional hoch gebundene Mitarbeiter im Schnitt 45 Prozent mehr Anregungen für Verbesserungen ins Unternehmen einbrachten als ihre ungebundenen Kollegen.

Auch auf Diebstahl am Arbeitsplatz hat emotionale Bindung eine präventive Wirkung. Daten des EHI Retail Institutes für den Einzelhandel zeigten, dass Unternehmen durch arbeitnehmerbezogenen Diebstahl ein großer wirtschaftlicher Schaden entsteht, denn Mitarbeiter sind für ein Fünftel (21 Prozent) aller Inventurdifferenzen und damit für einen Schaden von 820 Millionen Euro jährlich verantwortlich.[6] Emotional gebundene Beschäftigte bestehlen ihr Unternehmen in der Regel seltener und achten auch eher auf »schwarze Schafe« unter ihren Kollegen. So ist Diebstahl in Arbeitsgruppen mit hoher emotionaler Bindung um 28 Prozent geringer als in Arbeitsgruppen mit niedriger emotionaler Bindung.[7]

Der positive Effekt von emotionaler Bindung auf das Mitarbeiterverhalten ist nicht von der Hand zu weisen. Trotzdem ist die Gruppe der Beschäftigten, die mit Hand, Herz und Verstand bei der Arbeit sind, bis heute (2018) unverändert klein geblieben. Allerdings ist bei den inneren Kündigern eine Trendwende zu erkennen. Der Anteil der mentalen Aussteiger, der sich zwischen den Jahren 2001 und 2012 kontinuierlich von 15 auf 24 Prozent erhöht hat, lag im Jahr 2013 erstmals wieder deutlich unter der 20-Prozent-Marke (17 Prozent) und schwankt seitdem um die 15 Prozent. Die Daten deuten darauf hin, dass es bei der Führungsqualität eine leichte Verbesserung gibt. Wie es scheint, werden Mitarbeiter von ihren Führungskräften seit einiger Zeit zwar weniger demotiviert, aber noch lange nicht zu mehr Höchstleistung motiviert.

Für die Trendwende im Jahr 2013 gibt es mehrere Erklärungen. Zum einen scheint sich vor dem Hintergrund des Fachkräftemangels und des demografischen Wandels in den Unternehmen die Erkenntnis durchgesetzt zu haben, dass die Führungskultur ein entscheidendes Attraktivitätsmerkmal im »War of Talents« ist. Hinzu kommt, dass der Einfluss von Social Media und Bewertungsplattformen wie *Kununu*, *Meinchef*, *Jobvoting*, *Jobvote* oder *Companize* zunimmt. Auf diesen können sich Arbeitsplatzsuchende einen Eindruck vom potenziellen Arbeitgeber durch Erfahrungsberichte von derzeitigen oder ehemaligen Mitarbeitern machen. Für Bewerber sind diese Rezensionen in der Regel transparenter und glaubwürdiger als Hochglanzbroschüren von Unternehmen oder deren offizielle Internetpräsenz. Die Qualität des Personalmanagements einzelner Unternehmen wird hierdurch stärker sichtbar und beeinflusst Bewerber bei der Wahl ihres Arbeitgebers.

Zum anderen hat das Thema Führungskultur auch in der breiten Öffentlichkeit und in den Medien an Präsenz gewonnen. Die Berichterstattung hierzu hat zwischen 2011 und 2013 in den wichtigsten Tages- und Wochenzeitungen, Magazinen und der Fach- und Wirtschaftspresse[8] um 41 Prozent zugenommen und erwies sich im Folgejahr als stabil. Im Jahr 2014 haben Berichte zum Thema Führungsverhalten gegenüber dem Vorjahr sogar um 20 Prozent zugenommen und Artikel über »Unternehmenskultur« verzeichneten ein Plus von zehn Prozent.

Auch die Unternehmen bemühen sich stärker, ihren Mitarbeitern zuzuhören und Veränderungen herbeizuführen. Eine Studie von Bain & Company belegt, dass die Mitarbeiterbefragung die von deutschen Managern im Jahr 2012 am häufigsten eingesetzte Managementmethode war, um Maßnahmen für Veränderungen auf den Weg zu bringen.[9] Auch im Jahr 2015 standen Mitarbeiterbefragungen als Managementmethode hoch im Kurs.[10] Dass das Thema Führung für Unternehmen in Deutschland weit vorne auf der Agenda stand, geht auch aus der Deloitte-Human-Capital-Trends-Studie aus dem Jahr 2016 hervor. Zu diesem Zeitpunkt bewerteten 84 Prozent der Unternehmen »Führung« als wichtig oder sehr wichtig. [11] Vor diesem Hintergrund hat sich nicht zuletzt auch das Selbstverständnis der Personalabteilungen gewandelt. Sie begreifen sich nicht mehr als reine Verwalter, sondern zunehmend mehr als Gestalter, die als Partner der Führungskräfte die Qualität des lokalen Personalmanagements verbessern und sich um den Faktor Mensch mit all seinen Belangen und Bedürfnissen am Arbeitsplatz kümmern.

Zwar dürfte all dies dazu führen, dass Führungskräfte mehr dazu angehalten werden, ihr Verhalten stärker zu reflektieren und zu verändern, doch besteht trotz der unbestritten positiven Tendenzen bei den inneren Kündigern unverändert Handlungsbedarf. Denn in den Unternehmen hierzulande sind nach wie vor 85 Prozent der Arbeitnehmer nicht mit Hand, Herz und Verstand bei der Arbeit. Was können, was sollten Führungskräfte und Unternehmen tun, um die emotionale Bindung ihrer Mitarbeiter zu erhöhen? Seit vielen Jahrzehnten berät Gallup weltweit Unternehmen im Bereich von Unternehmenskultur und Führung. Einige der wichtigsten Grundregeln für gute Führung wird am Ende dieses Buches behandelt. Denn eines hat unsere jahrelange Beratungspraxis gezeigt: Wenn Unternehmen dem Führungsverhalten mehr Aufmerksamkeit beimessen, können sie die emotionale Bindung ihrer Mitarbeiter erhöhen und so eine Kultur schaffen, die als Nährboden von Leistung die Wettbewerbsfähigkeit wesentlich steigert.

Ich wünsche Ihnen viele interessante, überraschende und erkenntnisreiche Einblicke.

Marco Nink

Gallup

Kapitel 1
Deutschland, eine Insel der Glückseligen?

Um den deutschen Arbeitsmarkt ist es hervorragend bestellt. Die Zahl der Arbeitslosen ist im Jahr 2017 auf den niedrigsten Stand seit der Wiedervereinigung gesunken – im Jahresdurchschnitt waren 2,533 Millionen Menschen arbeitslos gemeldet.[12] Auch die Gesamtzahl der Menschen, die hierzulande Arbeit hatten, lag zuletzt mit 44,27 Millionen auf Rekordniveau, die der sozialversicherungspflichtigen Arbeitsverhältnisse betrug 32,17 Millionen.[13] Der Grund für die Entwicklung ist die gute Konjunktur. Das Bruttoinlandsprodukt wuchs im Jahr 2017 bereits das achte Jahr in Folge.[14] Den meisten Experten zufolge wird der Boom anhalten.[15]

Auch unsere Daten belegen: Die Beschäftigten hierzulande waren mit sich und ihrem Leben zufrieden. Der Wert zur Einschätzung der eigenen Lebenssituation lag zuletzt (2017) auf einer Skala von 0 bis 10 bei 7,3 Punkten (gegenüber durchschnittlich 6,9 Punkten in der Europäischen Union und durchschnittlich 5,4 Punkten weltweit auf der Basis von 144 Ländern)[16] und erweist

ARBEITNEHMER IN DEUTSCHLAND: MIT DEM LEBEN ZUFRIEDEN

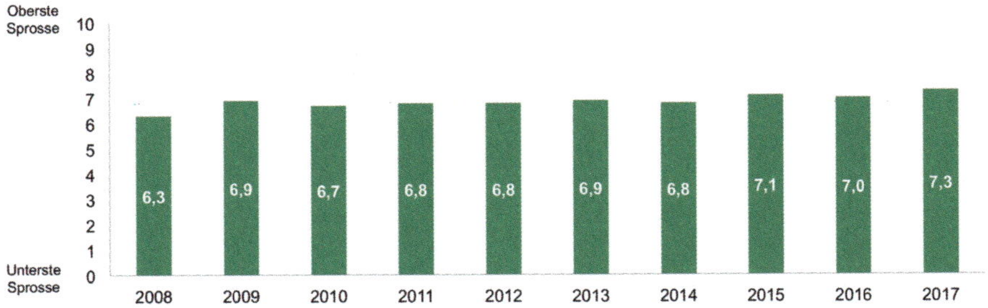

Fragestellung: „Bitte stellen Sie sich eine Leiter vor, bei der die Stufen nummeriert sind. 0 ist ganz unten und 10 ganz oben. Angenommen, die oberste Stufe bedeutet das bestmögliche Leben, das Sie führen könnten, und die unterste Stufe das schlechtmöglichste Leben, das Sie führen könnten. Auf welcher Stufe der Leiter sehen Sie sich zurzeit?"

Basis: Arbeitnehmer ab 18 Jahre in der Bundesrepublik Deutschland

sich seit Beginn der Messung dieser Kennzahl auf hohem Niveau als stabil. Insgesamt vergaben jüngst (2017) drei Viertel der Beschäftigten (75 Prozent) eine Punktzahl zwischen 7 und 10. Jeder sechste Beschäftigte (16 Prozent) war mit 9 oder 10 Punkten sogar sehr oder vollkommen zufrieden. Einen Wert von 4 oder darunter, also tendenziell unzufrieden, gaben zuletzt nur drei Prozent der Arbeitnehmer an.

Im Rahmen des Engagement Index wird nicht nur die subjektive Lebenszufriedenheit der Arbeitnehmer erfasst, sondern es werden auch Fragen zu den Rahmenbedingungen gestellt, wie beispielsweise die Einschätzung der wirtschaftlichen Stimmung oder die Beurteilung der Arbeitsmarktsituation. Die Daten sind ein guter Indikator für die Konjunktur, da die Beschäftigten die Situation in ihren Unternehmen sehr gut einschätzen können:

- Während die allgemeine wirtschaftliche Situation im Jahr 2008 – die Finanz- und Wirtschaftskrise war allgegenwärtig – nur von 14 Prozent der Beschäftigten hierzulande als »hervorragend« oder »gut« bezeichnet wurde, vergrößerte sich dieser Personenkreis bis ins Jahr 2016 auf 60 Prozent – der höchste Wert seit Beginn der Messung im Jahr 2001.

- Entsprechend machten sich zuletzt (2016) auch nur wenige Arbeitnehmer Sorgen um ihren Arbeitsplatz: Neun von zehn Arbeitnehmern stuften ihre Arbeitsstelle im Jahr 2016 – verglichen mit dem Vorjahr – als sicherer (41 Prozent) oder genauso sicher (49 Prozent) ein. Seit dem Jahr 2010 hat sich an dieser Einschätzung wenig verändert.

- Darüber hinaus waren im Jahr 2017 zwei Drittel der Beschäftigten (65 Prozent) der Auffassung, dass momentan eine gute Zeit sei, um eine Arbeitsstelle zu finden. Im Jahr 2009 vertrat lediglich jeder fünfte Beschäftige (18 Prozent) diese Ansicht, im Jahr 2010 war es immerhin schon jeder vierte (23 Prozent) und zwischen den Jahren 2011 und 2014 etwas mehr als jeder zweite Beschäftigte.

- Der Großteil der Arbeitnehmer (77 Prozent) erwartete im Jahr 2018 nicht, dass sich die ökonomischen Perspektiven in absehbarer Zeit eintrüben könnten. Die wirtschaftliche Zukunft des eigenen Arbeitgebers wird von den Beschäftigten unverändert positiv wahrgenommen: 46 Prozent der Arbeitnehmer stimmten zuletzt (2018) der Aussage »Ich habe Vertrauen in die finanzielle Zukunft meines Unternehmens« ohne Wenn und Aber zu. Im Jahr 2008, während der Finanz- und Wirtschaftskrise, hatten lediglich 34 Prozent der Beschäftigten uneingeschränktes Vertrauen in den wirtschaftlichen Erfolg ihres Arbeitgebers, im Jahr 2007 waren es noch 40 Prozent. Das derzeitige Niveau erweist sich seit dem Jahr 2012 als stabil. Die leichten Schwankungen bei dieser Kennzahl im Zeitverlauf erweisen sich als statistisch nicht signifikant.

Die Daten im Zeitverlauf deuten darauf hin, dass die Arbeitnehmer die wirtschaftliche Stimmung im Land sehr differenziert wahrgenommen haben und ein gutes Gefühl für die Rahmenbedingungen hatten. Dies dürfte darauf zurückgehen, dass Mitarbeiter mitbekommen, ob ihre Arbeitgeber Aufträge gewinnen, wie emsig sie produzieren und wie ihre Unternehmen investieren – ob sie neue Maschinen kaufen oder neue Produktionshallen bauen. Darüber hinaus bekommen sie über die Anzahl der ausgeschriebenen Stellen und der Neueinstellungen einen Eindruck von der wirtschaftlichen Situation ihres Unternehmens.

Mit Blick auf den Engagement Index scheint es zunächst widersprüchlich zu sein, dass die Rahmenbedingungen positiv aussieht und die deutsche Wirtschaft erfolgreich ist, jedoch nur ein kleiner Teil der Arbeitnehmer mit Hand, Herz und Verstand arbeitet. Bei näherer Betrachtung wird deutlich, dass der Erfolg Deutschlands vielmehr innerhalb des bestehenden Systems stattfindet. Die Frage, die es zu stellen gilt, lautet daher: Wie viel erfolgreicher könnten die Unternehmen hierzulande sein, wenn sie das Thema Führung systematischer angehen und die Führungs- und damit die Arbeitsplatzqualität optimieren würden? Unternehmen in Deutschland sind ohne Frage sehr gut darin, Prozesse und Abläufe effektiv und effizient zu gestalten sowie sich auf dem Weltmarkt durch Produkte und Dienstleistungen mit dem Label »Made in Germany« zu behaupten. Beim Faktor Mensch lassen sie jedoch erhebliches Potenzial ungenutzt. Kurzum: Deutschland bleibt hinter seinen Möglichkeiten zurück – trotz aller Erfolge.

Oft werden wir mit der These konfrontiert, dass die wirtschaftliche Situation große Auswirkungen auf die Motivation von Mitarbeitern habe. Wäre dies der Fall, so hätten wir in der Wirtschafts- und Finanzkrise der Jahre 2008 bis 2010 feststellen müssen, dass sich Arbeitnehmer aufgrund der trüben wirtschaftlichen Lage und Angst vor Arbeitslosigkeit stärker am Arbeitsplatz einbringen und motivierter bei der Arbeit sind. Dies war trotz der schlechten Wirtschaftslage nicht der Fall. Demnach bestimmt vielmehr die erlebte Führung und somit das lokale Arbeitsumfeld, wie es um die emotionale Mitarbeiterbindung bestellt ist.

WIRTSCHAFTSLAGE: POSITIVES URTEIL

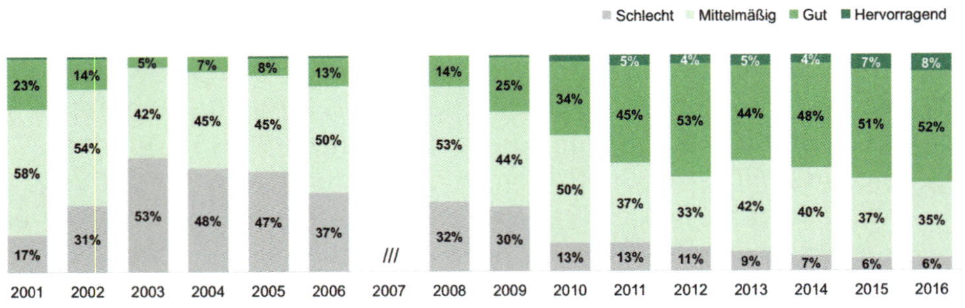

Fragestellung: „Wie würden Sie heute die Wirtschaftslage in diesem Land einschätzen?"

Prozentwerte werden ausgewiesen, wenn ≥ 4 %
/// in 2007 nicht erhoben

Basis: Arbeitnehmer ab 18 Jahre in der Bundesrepublik Deutschland

ARBEITSPLATZSICHERHEIT: KAUM ZITTERN UM DEN JOB

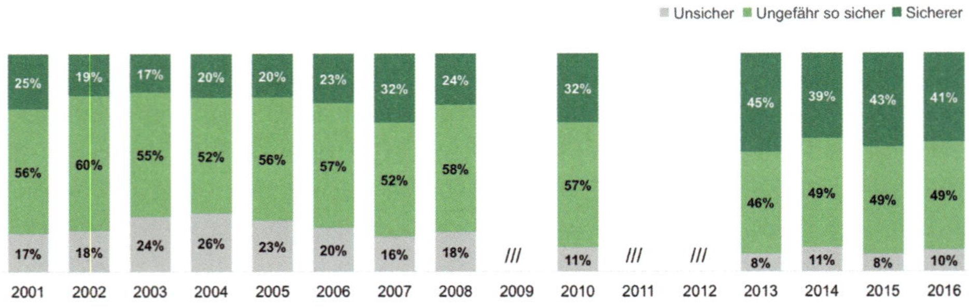

Fragestellung: „Wenn Sie über Ihren Arbeitsplatz nachdenken, würden Sie sagen, dass er sicherer, unsicherer oder ungefähr so sicher ist wie vor einem Jahr?"

/// in 2009, 2011 und 2012 nicht erhoben

Basis: Arbeitnehmer ab 18 Jahre in der Bundesrepublik Deutschland

ARBEITSMARKT: GUTE CHANCEN

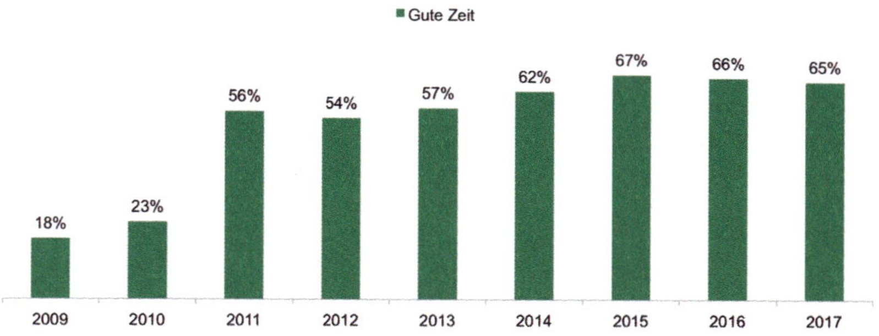

Fragestellung: „Denken Sie jetzt bitte an die Arbeitssituation in der Stadt bzw. dem Umfeld, in dem Sie wohnen. Sind Sie der Meinung, es ist momentan eine gute Zeit oder eine schlechte Zeit, um eine Arbeit zu finden?"

Basis: Arbeitnehmer ab 18 Jahre in der Bundesrepublik Deutschland

ARBEITGEBER: STABILES VERTRAUEN

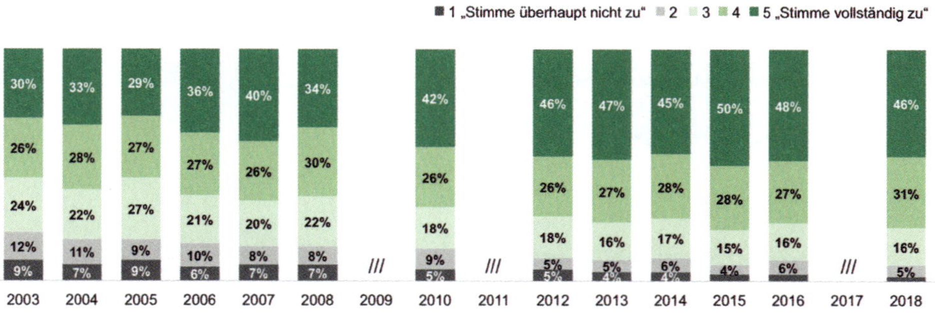

Aussage: „Ich habe Vertrauen in die finanzielle Zukunft meines Unternehmens."

Prozentwerte werden ausgewiesen, wenn ≥ 4 %
/// in 2009, 2011 und 2017 nicht erhoben

Basis: Arbeitnehmer ab 18 Jahre in der Bundesrepublik Deutschland

Hoher Stellenwert von Arbeit

Arbeit hat seit Jahren einen unverändert hohen Stellenwert in unserer Gesellschaft. Zuletzt (2016) erklärten drei Viertel der Arbeitnehmer (77 Prozent), dass sie auch weiterhin arbeiten würden, selbst wenn sie über genügend Mittel verfügten, um ein finanziell sorgenfreies Leben zu führen. Das galt im Übrigen auch für zwei Drittel der Mitarbeiter (65 Prozent), die kurz vor dem Ruhestand standen (Beschäftigte im Alter von 55 Jahren und älter).

STELLENWERT VON ARBEIT: NICHT NUR DES GELDES WEGEN

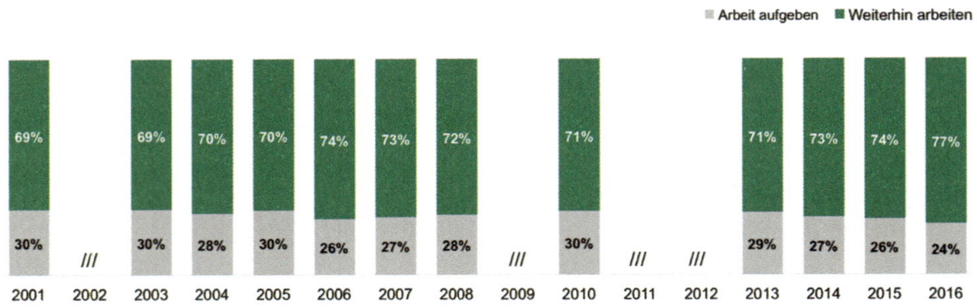

Fragestellung: „Angenommen, Sie würden so viel Geld erben, dass Sie nicht mehr arbeiten bräuchten, würden Sie Ihrer Arbeit dann weiterhin nachgehen oder würden Sie Ihrer Arbeit nicht weiter nachgehen?"

/// in 2002, 2009, 2011 und 2012 nicht erhoben

Basis: Arbeitnehmer ab 18 Jahre in der Bundesrepublik Deutschland

Arbeit ist ein zentraler Lebensbestandteil. Denn: Mit Arbeit ist vieles verbunden – ein strukturierter Tagesablauf, das Gefühl, gebraucht zu werden, soziale Kontakte und im besten Fall Erfolgserlebnisse und Sinnstiftung. Das dürfte erklären, warum im Jahr 2016 zwei Drittel der Arbeitnehmer (66 Prozent) dem Tag positiv entgegenblickten, wenn sie morgens nach dem Aufstehen an die Arbeit dachten. Auch Gallups weltweit durchgeführte Studien belegen den hohen Stellenwert von Arbeit. Menschen aller Kulturkreise sehnen sich nach »einem guten Job« – einer geregelten Tätigkeit mit festem Einkommen.[17] Die Mehrzahl der deutschen Beschäftigten scheint einen guten Job gefunden zu haben: Sechs von zehn Befragten (59 Prozent) stimmten in der jüngsten Umfrage (2018) der Aussage vollständig oder größtenteils zu, dass sie für die Arbeit, die sie leisten, angemessen bezahlt werden. Die Beurteilung fällt noch deutlich positiver aus, wenn die Befragten sich mit ihresgleichen messen: Zwei Drittel der Beschäftigten (65 Prozent) stimmten im Jahr 2015 der Aussage »Verglichen mit anderen Personen auf dem Arbeitsmarkt, die einer ähnlichen Arbeit nachgehen, werde ich angemessen bezahlt« zu. Die Daten zur Vergütung deuten darauf hin, dass es in Deutschland einen fairen Ausgleich gibt zwischen dem, was Mitarbeiter leisten, und der Entlohnung, die sie dafür bekommen.

VERGÜTUNG: ANGEMESSEN ENTLOHNT

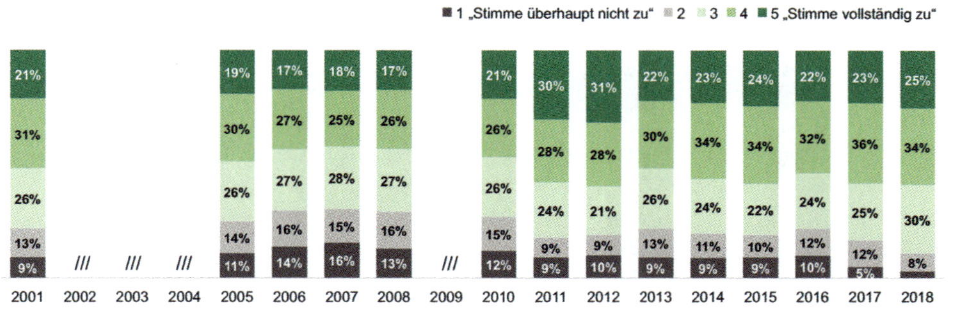

Aussage: „Von meinem Standpunkt aus gesehen werde ich für die Arbeit, die ich leiste, angemessen bezahlt."

Prozentwerte werden ausgewiesen, wenn ≥ 4 %
/// in 2002, 2003, 2004 und 2009 nicht erhoben

Basis: Arbeitnehmer ab 18 Jahre in der Bundesrepublik Deutschland

Die wöchentliche Arbeitszeit lag nach Selbstauskunft der Vollzeitbeschäftigten zuletzt (2018) bei einem Schnitt von 42,2 Stunden, bei Teilzeitbeschäftigten im Schnitt bei 21,6 Stunden. Teilzeitbeschäftigung ist für die Mehrheit der Arbeitnehmer in Deutschland im Übrigen eine bewusste Entscheidung: Nur jeder vierte Teilzeitbeschäftigte (27 Prozent) würde gern in Vollzeit arbeiten (2017).

Arbeitnehmer zufrieden mit dem Job

Auch hatte die Mehrheit der Beschäftigten gegenüber Leistung eine positive Einstellung: Neun von zehn Arbeitnehmern (85 Prozent) waren der Meinung, dass Menschen in Deutschland weiterkommen können, wenn sie nur hart genug arbeiten (2017 – 2010: 86 Prozent). Die generelle Zufriedenheit mit dem Arbeitgeber war ebenfalls hoch und lag seit der ersten Erhebung im Jahr 2001 über der 60-Prozent-Marke. Zuletzt (2018) waren acht von zehn Arbeitnehmer (82 Prozent) mit ihrem Arbeitsverhältnis zufrieden. Die große Mehrheit der Beschäftigten war der Ansicht, dass es sich bei der beruflichen Tätigkeit, der sie nachgehen, um die für sie ideale Tätigkeit handelt, wie sich über einen dreijährigen Betrachtungszeitraum zeigte (2011: 76 Prozent; 2012: 77 Prozent; 2013: 80 Prozent). Alles in allem kein Grund, sich Sorgen um die Arbeitnehmer und ihre Arbeitgeber hierzulande zu machen – so sollte man meinen …

AUFSTIEGSMÖGLICHKEITEN: AUS EIGENER KRAFT

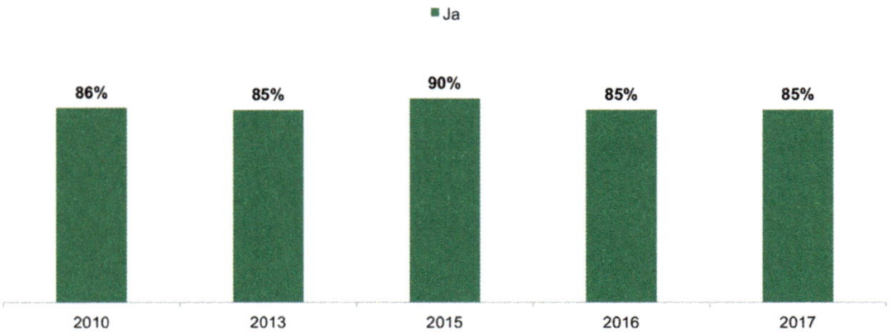

Fragestellung: „Können Menschen in diesem Land weiterkommen, wenn sie hart arbeiten oder nicht?"

Basis: Arbeitnehmer ab 18 Jahre in der Bundesrepublik Deutschland

AM RICHTIGEN PLATZ

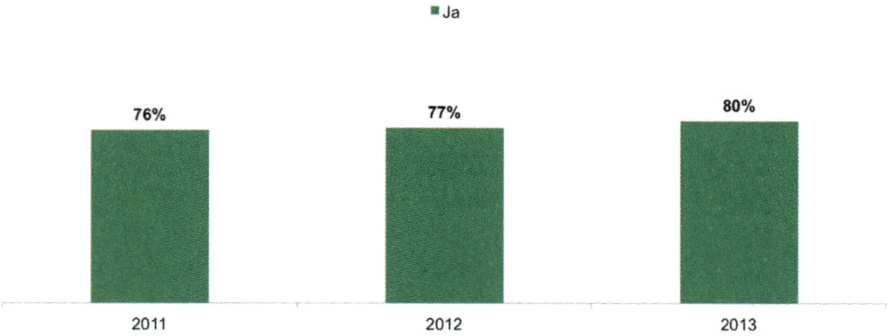

Fragestellung: „Würden Sie sagen, dass Ihre Tätigkeit für Sie die ideale Tätigkeit ist, oder nicht?"

Basis: Arbeitnehmer ab 18 Jahre in der Bundesrepublik Deutschland

Kapitel 2
Zufriedenheit ist nicht genug

Mit dem Engagement Index messen wir die emotionale Bindung von Mitarbeitern an ihr Unternehmen. Diese ist dabei jedoch nicht mit der allgemeinen Mitarbeiterzufriedenheit zu verwechseln, denn Arbeitnehmer können gleichzeitig zufrieden und gleichgültig sein. Gallup bezeichnet die emotionale Bindung im Englischen als »Engagement«. Doch jegliche Übersetzung dieses Ausdrucks ins Deutsche – »Hingabe«, »Verpflichtung« oder »Einsatz« – wird der Bedeutung des Begriffs nicht gerecht. Vielmehr steht er für die Bereitschaft der Mitarbeiter, sich aus freien Stücken für ihren Arbeitgeber und dessen Ziele einzusetzen – sie bringen sich kognitiv, emotional und physisch ein. Anders ausgedrückt: Diese Personen sind mit Hand, Herz und Verstand bei der Arbeit. Im Fachjargon wird dies als »intrinsische Motivation« bezeichnet, denn es handelt sich um Leistungsbereitschaft, die von den Mitarbeitern selbst ausgeht. Um diesem Gedanken gerecht zu werden, haben wir uns im Deutschen im Jahr 2000, nach umfangreichen Tests verschiedener Begrifflichkeiten, für den Terminus »emotionale Mitarbeiterbindung« entschieden.[18]

Auf der Basis der sogenannten Q[12®] messen wir, inwieweit die zentralen emotionalen Bedürfnisse eines Beschäftigten am Arbeitsplatz erfüllt werden, und ermitteln damit den Grad der emotionalen Bindung. Die Q[12®] lauten im Einzelnen:[19]

Q01.	Ich weiß, was bei der Arbeit von mir erwartet wird.
Q02.	Ich habe die Materialien und die Arbeitsmittel, um meine Arbeit richtig zu machen.
Q03.	Ich habe bei der Arbeit jeden Tag die Gelegenheit, das zu tun, was ich am besten kann.
Q04.	Ich habe in den letzten sieben Tagen für gute Arbeit Anerkennung oder Lob bekommen.
Q05.	Mein Vorgesetzter/Meine Vorgesetzte oder eine andere Person bei der Arbeit interessiert sich für mich als Mensch.
Q06.	Bei der Arbeit gibt es jemanden, der mich in meiner Entwicklung fördert.
Q07.	Bei der Arbeit scheinen meine Meinungen zu zählen.
Q08.	Die Ziele und die Unternehmensphilosophie meiner Firma geben mir das Gefühl, dass meine Arbeit wichtig ist.
Q09.	Meine Kollegen/Kolleginnen haben einen inneren Antrieb, Arbeit von hoher Qualität zu leisten.
Q10.	Ich habe einen sehr guten Freund/eine sehr gute Freundin innerhalb der Firma.
Q11.	In den letzten sechs Monaten hat jemand in der Firma mit mir über meine Fortschritte gesprochen.
Q12.	Während des letzten Jahres hatte ich bei der Arbeit die Gelegenheit, Neues zu lernen und mich weiterzuentwickeln.

Die Entstehung der Q12®

In den 1990er-Jahren führte Gallup eine Befragung unter *Fortune 500*-Unternehmen durch, um in Erfahrung zu bringen, was sie tun, um einen positiven Kulturwandel in ihrer Organisation umzusetzen. 80 Prozent teilten mit, dass sie zu diesem Zweck Mitarbeiterbefragungen mit durchschnittlich 150 Fragen durchführen. Allerdings berichteten 60 Prozent dieser Unternehmen, dass die Stimmung im Anschluss an die Befragungen oft schlechter war als zuvor.

Die Gründe dafür lagen oft auf der Hand: Mitarbeiter wurden gebeten, ihre Meinung zu allen denkbaren Themen abzugeben – von der Qualität des Essens in der Kantine bis hin zur Beurteilung des Topmanagements. Doch nur selten wurden die Ergebnisse auch genutzt, um daraus Interventionen zur Verbesserung der Ausgangslage abzuleiten, was häufig zu Frustration in der Belegschaft führte. Dies hatte damit zu tun, dass einerseits mehr Themen angerissen wurden, als in der Realität angegangen werden konnten, also eine Priorisierung fehlte. Andererseits wurden Themen abgefragt und so Erwartungen geweckt, die nicht erfüllt werden konnten, da sie zu umfassend und die Handlungsmöglichkeiten in diesen Punkten eingeschränkt waren.

Dies inspirierte uns dazu, nach den wirklich wichtigen Aspekten zu suchen, mit denen die Qualität des Arbeitsplatzes und damit unternehmensrelevante Leistungskennzahlen gesteigert werden können. Ausgangspunkt war die Frage, welche Merkmale im Arbeitsumfeld ein Mitarbeiter positiv bewertet, der eine deutlich höhere Leistung erbringt als andere. So baten wir Unternehmen, uns die leistungsstarken Arbeitsgruppen in ihrem Unternehmen zu benennen, um Unterschiede in der Beantwortung der Fragen beziehungsweise Aussagen zu erkennen.

Nachdem wir mehrere Hunderte Fragen beziehungsweise Aussagen getestet und über eine Million Beschäftigte befragt hatten, identifizierten wir im Rahmen unserer Forschungsarbeit genau zwölf Aussagen, die einen leistungsstarken Arbeitsplatz von weniger leistungsstarken unterscheiden. Besonders aufmerksam wurden die Aspekte untersucht, die von den leistungsstarken Arbeitsgruppen sehr hoch und von den übrigen niedrig bewertet wurden. Dabei konnten wir belegen, dass die emotionale Bindung und Produktivität eines Mitarbeiters weniger von Hygienefaktoren wie beispielsweise dem Gehalt abhängig ist als vielmehr von der Erfüllung bestimmter emotionaler Bedürfnisse am Arbeitsplatz. Selbstverständlich müssen die Rahmenbedingungen stimmen, um gute Mitarbeiter zu gewinnen und zu halten, da es sonst zu Unzufriedenheit kommt. Sind sie aber erfüllt, führen sie nicht automatisch zu einer Steigerung der Motivation und Leistungsbereitschaft.

Aus den Ergebnissen entwickelten wir das Befragungsinstrument Q12®, das wir durch umfangreiche Forschung – Fokusgruppen, Faktoranalysen, Regressionsanalysen, Studien zur Übereinstimmungsvalidität – validierten.[20]

Emotionale Mitarbeiterbindung zahlt sich aus

Unsere Forschung hat gezeigt, dass der Grad der emotionalen Bindung Einfluss darauf hat, wie sich Mitarbeiter verhalten. Kurzum: Je höher die emotionale Bindung, desto eher handelt ein Beschäftigter im Sinne seines Arbeitgebers. Dies bedeutet, dass die Leistungs- und Wettbewerbsfähigkeit eines Unternehmens steigt, je größer die Anzahl der emotional gebundenen Mitarbeiter ist.

Den Zusammenhang von emotionaler Mitarbeiterbindung und Leistungs- und Wettbewerbsfähigkeit von Unternehmen veranschaulicht die neunte und jüngste (2016) Gallup-Metaanalyse. Sie basiert auf der Befragung von 1,9 Millionen Mitarbeitern in 230 Unternehmen aus 49 Branchen und 73 Ländern im Laufe der letzten drei Jahre. Durch die Verknüpfung der Befragungsdaten mit »harten« unternehmensrelevanten Kennzahlen belegt die Metaanalyse den Einfluss der emotionalen Mitarbeiterbindung auf Kosten und Wachstum: So ist beispielsweise die Fehlzeit in Arbeitsgruppen mit hoher emotionaler Bindung (dem oberen Viertel) um 41 Prozent geringer als in Arbeitsgruppen mit niedriger emotionaler Bindung (dem unterem Viertel). Teams mit hoher emotionaler Bin-

EMOTIONALE BINDUNG ZAHLT SICH IN BARER MÜNZE AUS

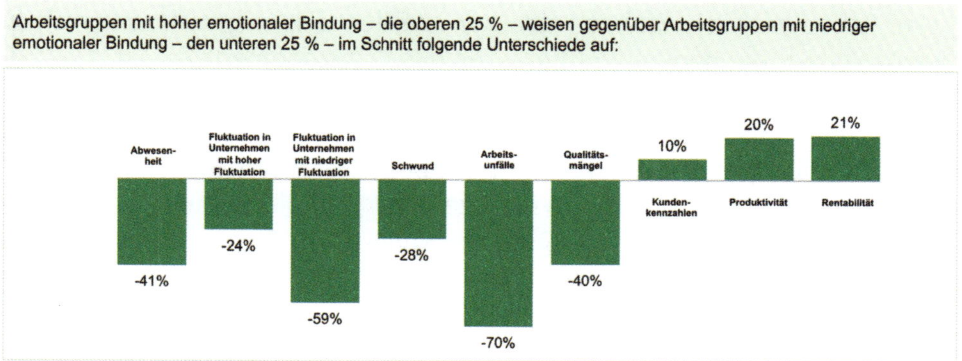

Basis: 230 Unternehmen aus 49 Branchen mit knapp 1,9 Millionen Mitarbeitern aus 73 Ländern
Quelle: Gallup Meta-Analyse 2016

dung schneiden in Kundenbewertungen um zehn Prozent besser ab als Teams mit niedriger emotionaler Bindung, sie sind um 20 Prozent produktiver und weisen 40 Prozent weniger Qualitätsmängel auf.[21]

Unterschiede zwischen den drei Bindungsgruppen

Im Rahmen unserer Forschung und der Zusammenarbeit mit Unternehmen weltweit haben wir drei Kategorien von Mitarbeitern identifiziert, die sich hinsichtlich ihrer Einstellung zu ihrer Arbeit und ihrem Verhalten am Arbeitsplatz unterscheiden:

- Wenn die meisten oder alle emotionalen Bedürfnisse beständig erfüllt sind, ist eine Person emotional hoch gebunden. Diese Mitarbeiter fühlen sich dazu motiviert, Spitzenleistung zu erbringen. Sie sind mit Hand, Herz und Verstand bei der Arbeit und stellen eine »Kraft« dar, die die Leistungsfähigkeit des Unternehmens positiv beeinflusst.

- Bei einer gering emotional gebundenen Person sind nur einige wenige emotionale Bedürfnisse beständig und die meisten emotionalen Bedürfnisse unbeständig erfüllt. Diese Mitarbeiter machen das Notwendige, leisten Dienst nach Vorschrift und spulen das Pflichtprogramm ab. Im Vergleich zu dem, was möglich ist, ist dieser Personenkreis nicht »voll und ganz« bei der Arbeit.

- Sind langfristig sehr wenige emotionale Bedürfnisse erfüllt, so ist eine Person nicht emotional gebunden. Diese Mitarbeiter haben dementsprechend die innere Kündigung vollzogen, weil sie und ihre emotionalen Bedürfnisse am Arbeitsplatz weitgehend ignoriert werden. Sie zeigen mitunter Verhaltensweisen, die gegen die Interessen des Unternehmens laufen.

Inwieweit sich das Erleben des Arbeitsalltags dieser drei Bindungsgruppen unterscheidet und welche Auswirkungen es auf die Arbeitsleistung hat, veranschaulichen folgende Beispiele: 54 Prozent der emotional hoch gebundenen Mitarbeiter, aber nur drei Prozent der ungebundenen Beschäftigten stimmten im Jahr 2018 der Aussage »Die Führung, die ich bei der Arbeit erlebe, motiviert mich, hervorragende Arbeit zu leisten« ohne Wenn und Aber zu. Und: Während 71 Prozent der emotional hoch gebundenen Mitarbeiter im Jahr 2016 zu Protokoll gaben, dass das Arbeitsumfeld ihnen geholfen habe, produktiv zu sein, lag dieser Wert bei denjenigen, die sich am Arbeitsplatz ignoriert fühlten und daher innerlich gekündigt hatten, bei nur vier Prozent.

Folglich muss das Ziel eines Unternehmens sein, über einen möglichst hohen Anteil emotional hoch gebundener Mitarbeiter zu verfügen. Die Realität zeigt jedoch: Der Anteil der emotional hoch gebundenen Arbeitnehmer ist in Deutschland nach wie vor auf einem niedrigen Niveau. Nur 15 Prozent der Beschäftigten waren zuletzt (2018) mit Hand, Herz und Verstand bei der Arbeit. Die Zahl der »inneren Aussteiger« lag bei 14 Prozent, während 71 Prozent der Beschäftigten lediglich Dienst nach Vorschrift machten.

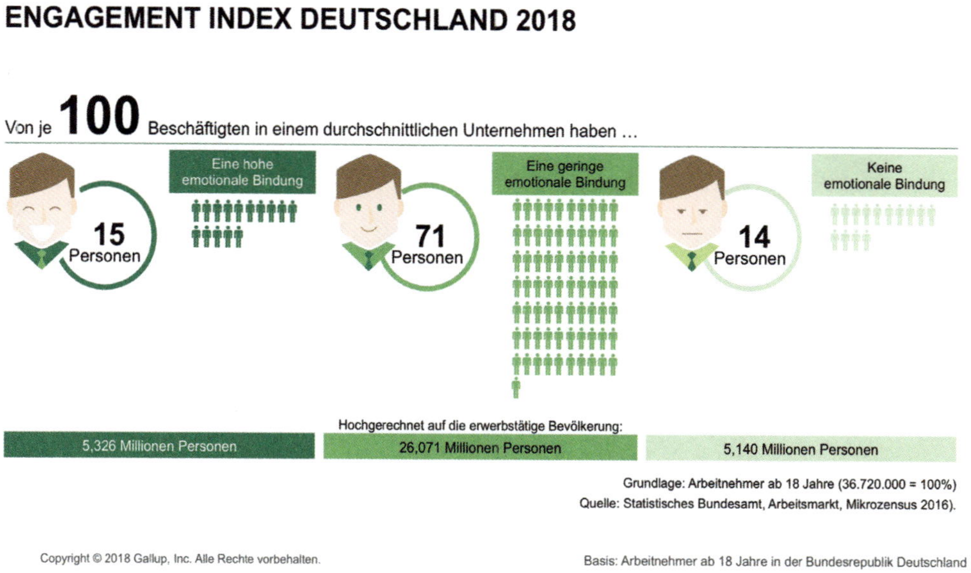

Innerdeutsche Annäherung

Eine häufige Frage, die uns gestellt wird, ist, ob es bei der emotionalen Bindung regionale Unterschiede gibt. Die jüngste Aufschlüsselung des Engagement Index nach West und Ost, zeigte, dass Deutschland dabei, wie Führung erlebt wird, eins geworden ist.[22] Die geringen Unterschiede, die zwischen dem Osten der Republik und dem westlichen Teil Deutschlands zuletzt auszumachen waren, erwiesen sich als statistisch nicht signifikant.[23] Im Westen waren jüngst 15 Prozent der Beschäftigten emotional hoch gebunden, im Osten 16 Prozent. Bei den inneren Kündigern lag der Anteil in den alten Bundesländern bei 14 Prozent, in den neuen Ländern bei 17 Prozent. In der fünf Jahre zuvor durchgeführten West-Ost-Auswertung wiesen die neuen gegenüber den alten Bundesländern noch einen geringeren Anteil an emotional hoch Gebundenen (West:

18 Prozent; Ost: zwölf Prozent) und einen höheren Anteil an inneren Kündigern auf (West: 15 Prozent; Ost: 24 Prozent).

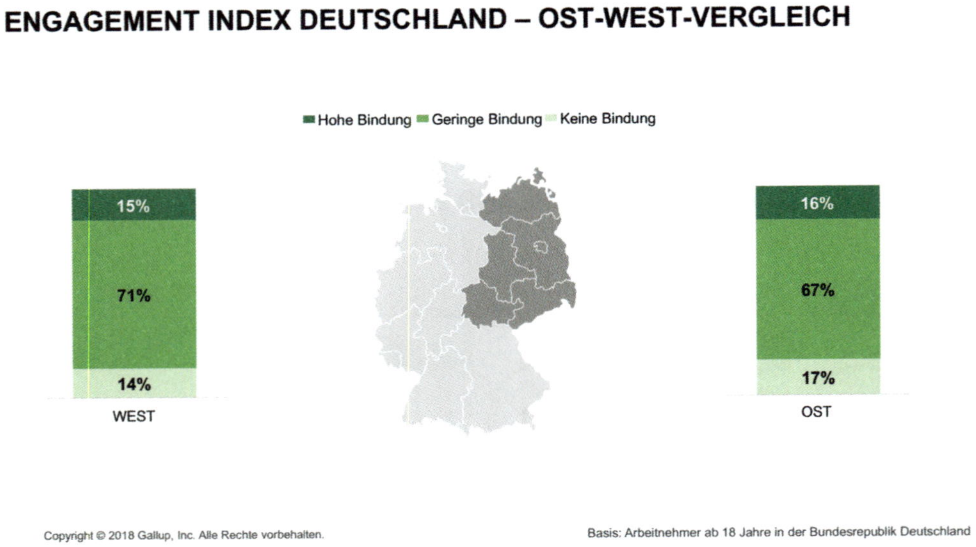

Engagement Index – G7

Neben Deutschland erhebt Gallup den Engagement Index in einer Vielzahl von weiteren Ländern.[24] Die jüngste internationale Studie basiert auf aggregierten Daten, die in den Jahren 2014, 2015 und 2016 in 155 Staaten erhoben wurden. Global lag der aus den drei Erhebungsjahren aggregierte Anteil der Arbeitnehmer mit einer hohen emotionalen Bindung bei 15 Prozent. 56 Prozent der Beschäftigten weltweit machten Dienst nach Vorschrift, während 18 Prozent der Arbeitnehmer innerlich gekündigt hatten.

Aus deutscher Sicht dürfte vor allem der Blick auf die sieben führenden Industrieländer (G7) interessant sein. Um die Vergleichbarkeit der Länderdaten zu gewährleisten, wurde für Deutschland daher nicht auf das jüngst verfügbare Ergebnis aus dem Jahr 2018 zurückgegriffen, sondern ebenfalls auf die aggregierten Daten der Jahre 2014 bis 2016.

Von den G7-Ländern wiesen Beschäftigte in den Vereinigten Staaten von Amerika den höchsten Grad an emotionaler Bindung auf. Dort waren im Betrachtungszeitraum doppelt so viele Arbeitnehmer mit Hand, Herz und Verstand bei der Arbeit wie in Deutschland (33 Prozent zu 15 Prozent). Allerdings: Beim Anteil derer, die innerlich gekündigt hatten, lagen die USA und Deutschland auf gleichem Niveau (USA: 16 Prozent; Deutschland: 15 Prozent). Ähnliches galt für den Deutschland-Kanada-Vergleich, wo sich bei den inneren Kündigern ebenfalls kein Unterschied zeigte (Deutschland: 15 Prozent; Kanada: 14 Prozent), wohl aber bei der Gruppe der emotional hoch Gebundenen. Hier hatte Kanada gegenüber Deutschland einen leichten Vorsprung (20 Prozent zu 15 Prozent).

Was lässt sich von den USA lernen? Aus der Detailbetrachtung der Daten geht hervor, dass sich in Deutschland im Vergleich zu den USA bei den zentralen emotionalen Bedürfnissen und damit auch dabei, wie Führung erlebt wird, folgende Unterschiede zeigten: Arbeitnehmer hierzulande berichteten von einer signifikant schlechteren Feedbackkultur (positive und konstruktive Rückmeldungen zur Arbeitsleistung), einem deutlich geringeren Fokus auf das Individuum, einem beachtlich schwächeren Gefühl, in der eigenen Entwicklung unterstützt und begleitet zu werden, und davon, weit weniger Weiterentwicklungsmöglichkeiten zu haben. Als deutlich stärker ausgeprägt erwies sich in Deutschland hingegen die Klarheit der Beschäftigten in Bezug auf Aufgaben, Ziele, Verantwortlichkeiten und Prioritäten sowie merklich bessere Voraussetzungen, effektiv und effizient zu arbeiten. Zudem zeigte sich, dass Arbeitnehmer hierzulande über stärker ausgeprägte soziale Beziehungen im Kollegenkreis verfügten. Unter dem Strich lagen die USA bei der Erfüllung der zwölf emotionalen Bedürfnisse jedoch deutlich vor Deutschland (fünf zu drei).

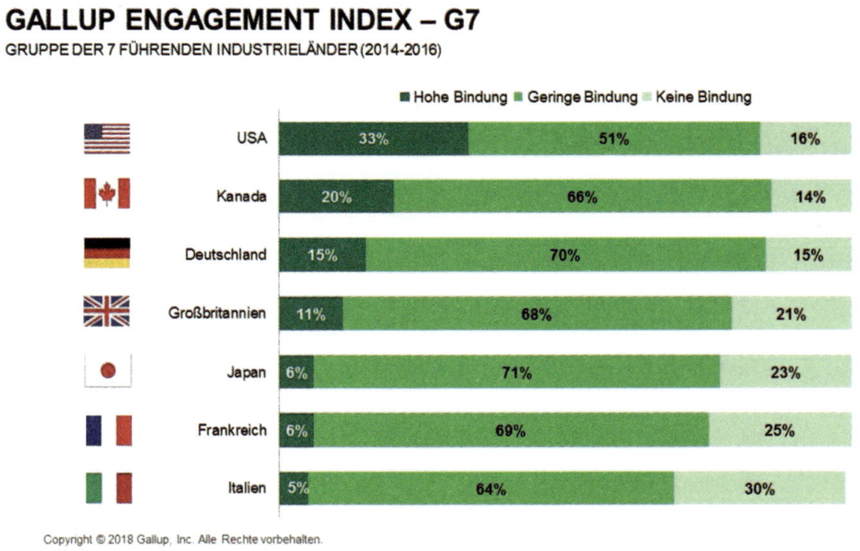

Weitaus besser schnitt Deutschland bei der emotionalen Bindung im Vergleich zu Großbritannien, Japan, Frankreich und Italien ab. Alle vier Länder verfügten über wesentlich mehr Beschäftigte, die innerlich gekündigt hatten, und gleichzeitig über deutlich weniger Arbeitnehmer, die mit Hand, Herz und Verstand bei der Arbeit waren.

Ebenfalls interessant dürfte aus deutscher Sicht der Blick auf China sein. Das Land ist in den letzten Jahrzehnten zu einer globalen Wirtschaftsnation aufgestiegen und ist heute vor den USA und Deutschland der größte Exporteur der Welt. Im Jahr 2017 führte das Land Waren im Wert von 2,263 Milliarden US-Dollar aus (USA: 1,547 Milliarden US-Dollar; Deutschland: 1,448 Milliarden US-Dollar).[25] Von den 1000 weltweit umsatzstärksten Unternehmen sitzen 82 in China (USA: 305; Deutschland: 44).[26] Das Land wird vornehmlich als Fertigungsstandort genutzt. So stammen beispielsweise mehr als 70 Prozent des weltweit hergestellten Spielzeugs aus China.[27] Bei der emotionalen Bindung lag China jüngst bei sechs Prozent emotional Gebundenen, 75 Prozent emotional gering Gebundenen und 19 Prozent emotional Ungebundenen und rangierte damit im direkten Ländervergleich deutlich hinter Deutschland. Allerdings sind die Unternehmen in China in Bezug auf emotionale Mitarbeiterbindung nicht untätig gewesen. Zwar blieb der Anteil der emotional hoch gebundenen Beschäftigten im Vergleich zum Jahr 2013 unverändert (2013 und 2016: jeweils sechs Prozent), jedoch hat sich der Anteil der inneren Kündiger von 26 auf 19 Prozent deutlich verringert.[28] Sofern China den Fokus auf die emotionale Bindung der Beschäftigten beibehalten sollte, könnte das Land in der globalen Wirtschaft noch weitaus bedeutsamer werden.

Unsere Beratungspraxis zeigt, dass Unternehmen in China sich immer stärker mit dem Thema auseinandersetzen und dies aktiv angehen. Für Deutschland bedeutet dies, dass Unternehmen hierzulande nur dann im internationalen Wettbewerb weiter vorne mitspielen und sich einen Wettbewerbsvorteil sichern können, wenn sie sich stärker über die Bedeutung des Faktors »Mensch« bewusst werden und diesen mittel- bis langfristig in den Mittelpunkt ihres Handelns stellen.

Engagement Index – DACH

In den beiden anderen Ländern der DACH-Region war es um die emotionale Bindung ähnlich wie in Deutschland bestellt.[29] In der Schweiz und Österreich waren 13 beziehungsweise zwölf Prozent der Beschäftigten mit Hand, Herz und Verstand bei der Arbeit (Deutschland: 15 Prozent). Die große Mehrheit der

Beschäftigten in beiden Ländern war emotional gering gebunden und machte lediglich Dienst nach Vorschrift. Jeweils 15 Prozent der Mitarbeiter in der Schweiz und acht Prozent in Österreich hatten zuletzt innerlich bereits gekündigt (Deutschland: 15 Prozent).

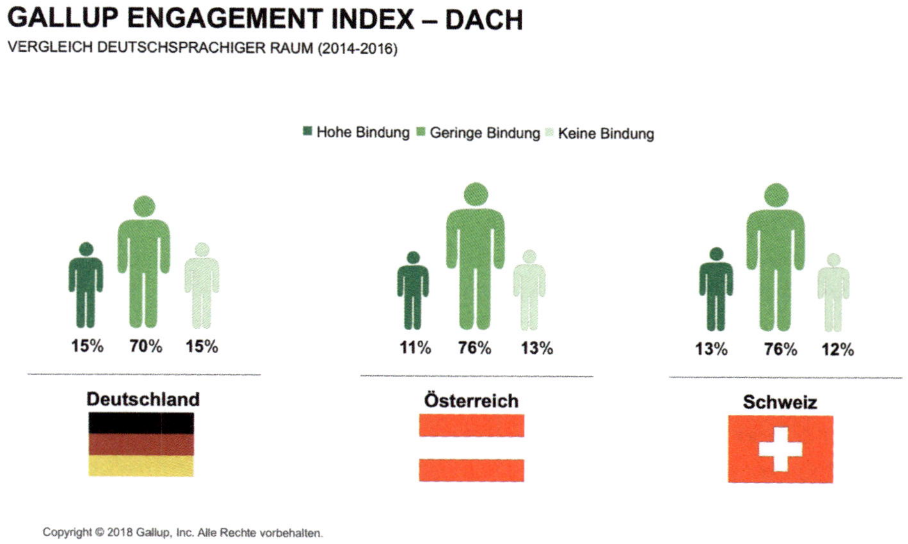

Kapitel 3
Wettbewerbsfaktor emotionale Mitarbeiterbindung

Die emotionale Mitarbeiterbindung hat einen erheblichen Einfluss auf die Leistungs- und Wettbewerbsfähigkeit der Unternehmen. Arbeitnehmer, die sich emotional nicht an ihren Arbeitgeber gebunden fühlen, zeigen generell weniger Eigeninitiative, Leistungsbereitschaft und Verantwortungsbewusstsein. Darüber hinaus wirken sie auf ihre Arbeitsumgebung wie ein Energie-Staubsauger: Abgesehen von ihrer niedrigeren Produktivität betonen sie ständig, wie schlecht doch alles am Arbeitsplatz ist und wie unglücklich sie mit ihrer Situation sind. Es besteht die Gefahr, ihre Umgebung in diese schlechte Stimmung »hineinzusaugen«. Der Effekt betrifft nicht nur ihre Kollegen im Unternehmen, sondern reicht über das Firmengelände hinaus und erstreckt sich auf Kunden und potenzielle Bewerber. Um den negativen Einfluss eines Beschäftigten, der innerlich bereits gekündigt hat, zu überwinden, benötigt ein Unternehmen mindestens vier Personen, die mit Hand, Herz und Verstand bei der Arbeit sind. Denn ab einem Verhältnis von vier emotional hoch Gebundenen zu einem emotional nicht Gebundenen war, wie Gallups Forschung zeigte, der Wendepunkt erreicht, ab dem Unternehmen ihre Wettbewerber in Bezug auf Ertragskraft (Gewinn je Aktie)[30] hinter sich ließen.[31] Im Schnitt kommt hierzulande auf einen Mitarbeiter, der innerlich gekündigt hat, jedoch nur ein Mitarbeiter, der emotional hoch gebunden ist.

Im Rahmen des Engagement Index ermittelte Gallup die Kosten, die durch diese mangelnde Mitarbeiterbindung entstehen: Die innere Kündigung verursachte in Deutschland nach der jüngsten Berechnung aus dem Jahr 2018 einen volkswirtschaftlichen Schaden zwischen 77 und 103 Milliarden Euro. Allein durch Fehlzeiten aufgrund von mangelnder emotionaler Mitarbeiterbindung entstanden der deutschen Wirtschaft Kosten in Höhe von rund sieben Milliarden Euro pro Jahr, wie aus der zuletzt (2016) erfolgten Berechnung hervorging. Denn Mitarbeiter ohne emotionale Bindung fehlten im Schnitt 10,3 Tage, emotional gering gebundene Kollegen 6,8 Tage, emotional hoch gebundene Mitarbeiter hingegen nur 6,5 Tage. Das ist ein Unterschied von 3,8 Tagen gegenüber den emotional nicht gebundenen Beschäftigten. Zu be-

INNERE KÜNDIGUNG KOSTET MILLIARDEN

Basis: Arbeitnehmer ab 18 Jahre in der Bundesrepublik Deutschland

Teure Fehlzeiten

Der deutschen Wirtschaft entstanden durch fehlende oder geringe emotionale Bindung der Beschäftigten zu ihrem Unternehmen Kosten in Höhe von rund sieben Milliarden Euro im Jahr – nur aufgrund von Fehlzeit (26,8 Millionen Fehltage), wie aus dem Engagement Index 2016 hervorging.* Würde ein Betrieb mit der unten stehenden Anzahl an Mitarbeitern die Fehlzeit auf die Größenordnung der Beschäftigten mit hoher emotionaler Bindung an ihre Unternehmen reduzieren (6,5 Tage pro Jahr), so würde dies eine Kostenentlastung in folgender Höhe ausmachen:

Mitarbeiteranzahl	Jährliches Einsparungspotenzial
500 Mitarbeiter	102 000 Euro
2000 Mitarbeiter	407 000 Euro
30 000 Mitarbeiter	6,1 Millionen Euro

* Berechnungsgrundlage: 34,366 Millionen Arbeitnehmer ab 18 Jahre (ohne Selbstständige, mithelfende Familienangehörige) gemäß Statistischem Bundesamt (Mikrozensus 2015). Davon wiesen (2016) 15 Prozent eine hohe emotionale Bindung an ihr Unternehmen auf, 70 Prozent eine geringe emotionale Bindung und 15 Prozent keine emotionale Bindung. Die Anzahl der Fehltage basierte auf der Selbstauskunft der Befragten (2016). Die durchschnittlichen Arbeitskosten pro Tag betrugen 260,80 Euro. Grundlagen der Berechnung waren Daten des Statistischen Bundesamts (Jahresschätzung Arbeitskosten 2015, produzierendes Gewerbe und Dienstleistungsbereich) auf der Basis eines achtstündigen Arbeitstages.

rücksichtigen ist, dass jeder Fehltag ein Unternehmen im Schnitt 260,80 Euro kostete, wie aus Daten des Statistischen Bundesamts hervorging.[32] Würde ein Unternehmen mit 2000 Mitarbeitern die Fehlzeit der Belegschaft auf das Niveau von Beschäftigten mit hoher emotionaler Bindung reduzieren, also auf 6,5 Fehltage pro Mitarbeiter im Jahr, würde dies einer Kostenentlastung von mehr als 400000 Euro entsprechen.

Die Folgen ungewollter Fluktuation

Mit einer mangelnden emotionalen Bindung geht gleichzeitig die höhere Bereitschaft des Arbeitnehmers einher, sein Unternehmen zu verlassen. Besonders wechselbereit waren die emotional ungebundenen Mitarbeiter, wie der Engagement Index 2018 zeigte: Nahezu jeder zweite innere Kündiger (45 Prozent) schloss nicht aus, dass er seinem Arbeitgeber in den nächsten zwölf Monaten den Rücken kehren würde – bei den emotional hoch gebundenen Mitarbeitern war es nur jeder 20. (fünf Prozent).

Nun ist Fluktuation nicht per se als schlecht zu bewerten. Bis zu einem gewissen Grad ist sie durchaus fruchtbar und bietet Raum für neue Talente. Grundsätzlich verursacht Fluktuation jedoch enorme Kosten und einen Verlust von Wissen und Expertise. Wenn Mitarbeiter kündigen, gehen sie in der Regel zur Konkurrenz oder machen sich selbstständig – sie werden auf diese Weise zu Wettbewerbern. Dabei nehmen sie auch ihre Erfahrungen, Kontakte und Netzwerke mit.

Hinzu kommt, dass ungewollte Fluktuation weitere Abwanderungen nach sich ziehen kann: Der Weggang von Mitarbeitern wirkt sich häufig negativ auf das Betriebsklima aus, etwa durch die entstehende Mehrarbeit für die verbliebenen Beschäftigten – einmal ganz abgesehen von persönlicher Betroffenheit durch den Weggang lieb gewonnener Kollegen. Aber auch auf Kundenbeziehungen kann sich ungewollte Fluktuation negativ auswirken, denn jeder Wechsel des Ansprechpartners sorgt für Verunsicherung auf Kundenseite. Kunden wünschen sich in der Regel Kontinuität in der Betreuung.

Des Weiteren müssen Unternehmen in die Suche eines neuen, entsprechend qualifizierten Mitarbeiters investieren. Laut Bundesagentur für Arbeit dauerte die Neubesetzung einer Stelle im Jahr 2017 durchschnittlich 102 Tage – das sind 39 Tage mehr als noch vor zehn Jahren.[33] Ist die Arbeitskraft endlich gefunden, braucht es in der Regel einige Monate, bis diese für das Unternehmen produktiv arbeitet. Denn die Neue muss die Abläufe erlernen, sich mit den Kollegen verständigen und sich am Arbeitsplatz einleben.

Gerade in Zeiten des Fachkräftemangels stellt die Wechselbereitschaft der Mitarbeiter eine große Herausforderung für die Wirtschaft dar. Bereits im Jahr 2013 stimmten 39 Prozent der Arbeitnehmer der Aussage »Meine Firma hat große Schwierigkeiten, den Bedarf an geeigneten Fachkräften zu decken« zu. Und nur jeder zweite Beschäftigte (50 Prozent) bejahte im Jahr 2014 die Aussage »Ich bin davon überzeugt, dass meine Firma dazu in der Lage ist, die besten Talente anzuziehen«. Nach Daten des Instituts für Arbeitsmarkt- und Berufsforschung waren im Jahr 2017 im Schnitt 1,1 Millionen Stellen in Deutschland unbesetzt – im Jahr 2013 gab es mit im Schnitt 795 500 noch deutlich weniger offene Stellen.[34] Unternehmen benötigen dabei nicht nur Fachkräfte: Jede fünfte offene Stelle setzte im Jahr 2017 keine Qualifikation voraus (ohne Berufsabschluss, ungelernt).[35] Das bedeutet: Der Arbeitsmarkt verändert sich zunehmend zugunsten der Bewerber. 28 Prozent der Arbeitnehmer sahen zuletzt (2016) sehr gute Chancen, nach einem Jobverlust einen neuen Arbeitsplatz zu finden. Im Jahr 2010 lag dieser Anteil lediglich bei 17 Prozent, 2005 sogar nur bei neun Prozent. Und der Wettbewerb um die besten Köpfe nimmt weiter zu: 16 Prozent der Beschäftigten gaben im Jahr 2016 an, im Zeitraum von zwölf Monaten von einem Headhunter oder Personalberater Stellenangebote erhalten zu haben. Das waren vier Prozentpunkte mehr als in den vorangegangenen Befragungen in den Jahren 2013 und 2010.

Entspannung für die Arbeitgeber ist nicht in Sicht. Der demografische Wandel lässt die Zahl an Erwerbspersonen im Alter von 20 bis 64 Jahren bis zum Jahr 2030 deutlich schrumpfen. Schätzungen gehen davon aus, dass dem Arbeitsmarkt hierzulande dann aller Voraussicht nach 2,2 Millionen Arbeitskräfte weniger zur Verfügung stehen als heute.[36] Zuletzt (2018) fehlten am Arbeitsmarkt 440 000 Fachkräfte. Dieser Fachkräftemangel verringerte das deutsche Wirtschaftswachstum um fast ein Prozent.[37]

Emotionale Mitarbeiterbindung wirkt als eine Art Schutzimpfung vor Abwanderung und bietet Planungssicherheit. 94 Prozent der emotional hoch gebundenen Mitarbeiter planten, auch in den kommenden drei Jahren noch bei ihrem derzeitigen Arbeitgeber zu sein – unter den Beschäftigten ohne emotionale Bindung waren dies nur 43 Prozent, wie aus dem Engagement Index 2018 hervorging. Und 88 Prozent der emotional hoch gebundenen Mitarbeiter – aber nur acht Prozent derjenigen ohne emotionale Bindung – stimmten im Jahr 2017 der Aussage »Ich beabsichtige, meine berufliche Karriere bei meiner derzeitigen Firma zu machen« uneingeschränkt zu.

Zuletzt (2018) waren 19 Prozent der Mitarbeiter ohne emotionale Bindung aktiv auf der Suche nach einem neuen Arbeitsplatz. Weitere 26 Prozent aus dieser Gruppe suchten zwar nicht aktiv, hörten sich aber um. Unter den emotional hoch gebundenen Mitarbeitern war hingegen kein einziger aktiv auf Arbeitsplatzsuche, lediglich elf Prozent hielten die Augen und Ohren offen. Nun könnte der Eindruck entstehen, Unternehmen sollten froh sein, dass Arbeitnehmer, die innerlich gekündigt haben, den Betrieb verlassen. Doch häufig sind unter diesen Mitarbeitern Personen, die ein Unternehmen nicht verlieren möchte – Talente, Leistungsträger oder Fachexperten.

Auf der Basis der zuletzt (2018) erhobenen Daten ließen sich die Fluktuationskosten eines Unternehmens mit 2000 Beschäftigten jährlich auf rund 1,2 Millionen Euro beziffern.

Verringert ein Unternehmen mit 2000 Mitarbeitern den Anteil seiner emotional ungebundenen Mitarbeiter um nur fünf Prozentpunkte – also von 14 auf neun Prozent – und erhöht gleichzeitig den Anteil seiner emotional hoch gebunden Mitarbeiter von 15 auf 20 Prozent, reduzieren sich die Fluktuationskosten um mehr als 230000 Euro. Für Unternehmen ist dies sicherlich eine nicht unerhebliche Summe, die an anderer Stelle besser investiert wäre.

GUTE CHANCEN AUF EINEN NEUEN JOB

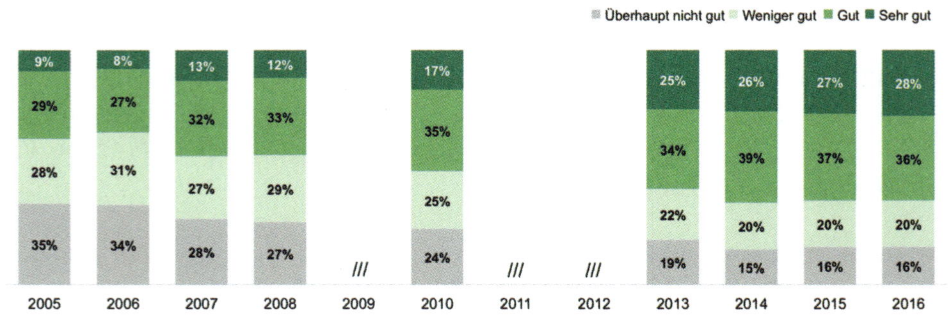

Fragestellung: „Ganz allgemein gefragt, wie beurteilen Sie persönlich Ihre Chance, einen neuen Arbeitsplatz zu finden, wenn Sie heute Ihren Arbeitsplatz verlieren würden?"

/// in 2009, 2011 und 2012 nicht erhoben

Basis: Arbeitnehmer ab 18 Jahre in der Bundesrepublik Deutschland

HEADHUNTER AUF DER JAGD

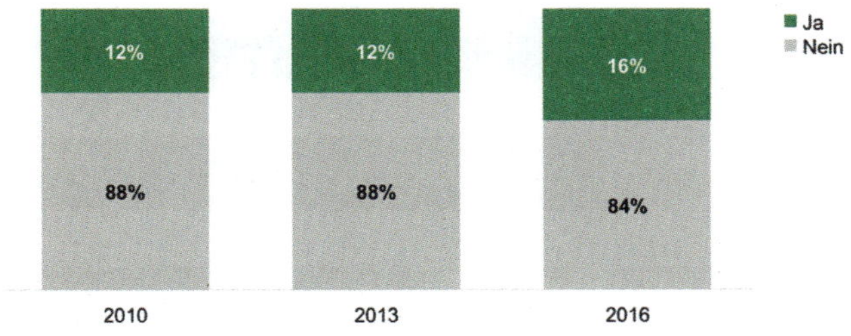

Fragestellung: „Hat Ihnen innerhalb der letzten 12 Monate ein Headhunter oder Personalberater eine neue Arbeitsstelle angeboten?"

Basis: Arbeitnehmer ab 18 Jahre in der Bundesrepublik Deutschland

MITARBEITERBINDUNG = TREUE

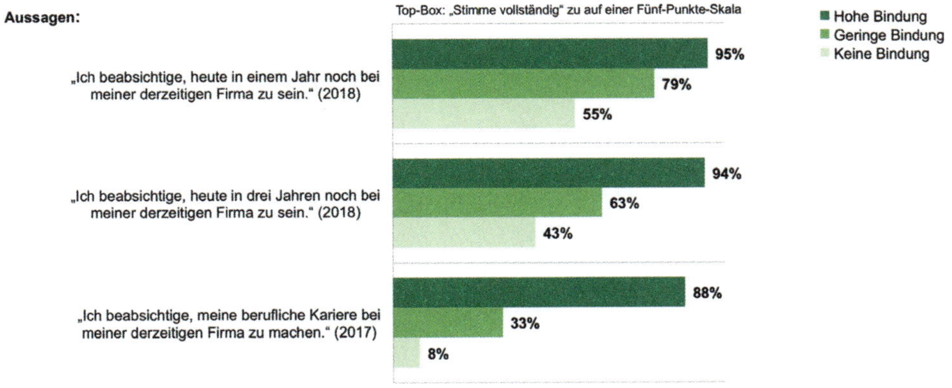

Basis: Arbeitnehmer ab 18 Jahre in der Bundesrepublik Deutschland

AUF JOBSUCHE

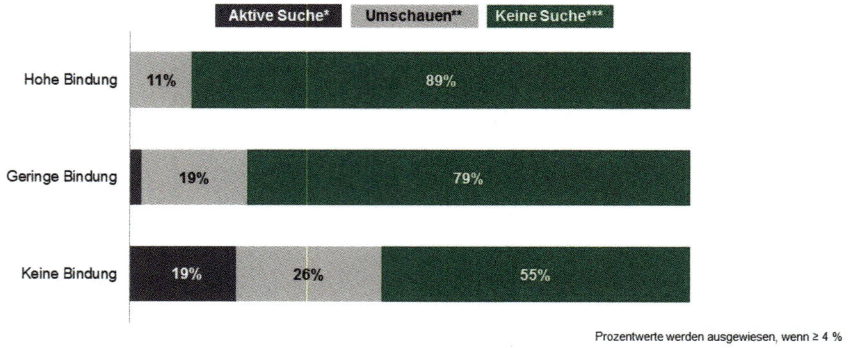

Fragestellung: „Inwiefern sind Sie derzeit auf der Suche nach einem neuen Arbeitsplatz?“ *Ich bin aktiv auf der Suche nach einem neuen Arbeitsplatz; **Ich schaue mich um, bin aber nicht aktiv auf der Suche nach einem neuen Arbeitsplatz; ***Ich bin nicht auf der Suche nach einem neuen Arbeitsplatz?“ (2018)

Basis: Arbeitnehmer ab 18 Jahre in der Bundesrepublik Deutschland

Teure Fluktuation – Fluktuationsneigung und die damit verbundenen Fluktuationskosten

Für ein Unternehmen mit der unten stehenden Anzahl an Beschäftigten ergaben sich auf der Basis der jüngsten Daten (2018) pro Jahr folgende Fluktuationskosten:

Mitarbeiteranzahl	Jährliches Einsparungspotenzial
500 Mitarbeiter	300 000 Euro
2 000 Mitarbeiter	1,2 Millionen Euro
30 000 Mitarbeiter	18,3 Millionen Euro

Die durchschnittlichen Fluktuationskosten wurden auf der Grundlage von Daten des Statistischen Bundesamts (Arbeitskostenerhebung 2012, Arbeitskosten im produzierenden Gewerbe und Dienstleistungsbereich; Bruttoverdienste)[38] unter Berücksichtigung der Berechnungsgrundlage des Corporate Leadership Council, Corporate Executive Board (»Workforce turnover and firm performance. The new business case for employee retention«) ermittelt (Summe von 40 644 Euro × 0,41 = Fluktuationskosten). Die ausgewiesenen Fluktuationskosten sind als konservativ anzusehen. Andere Quellen führen als Fluktuationskosten pro Mitarbeiter das Doppelte der reinen Gehalts- und Nebenkosten eines Jahres an.

Grundlage für die Berechnung war der Anteil der Personen, die der Aussage »Ich beabsichtige, heute in einem Jahr noch bei meiner derzeitigen Firma zu sein« bedingungslos widersprachen (Bottom-Box auf einer Fünf-Punkte-Skala). Von den Mitarbeitern mit hoher emotionaler Bindung widersprach ein Prozent, von jenen mit geringer emotionaler Bindung taten dies zwei Prozent und bei Beschäftigten ohne Bindung waren es 15 Prozent.

Kleiner Einsatz – große Wirkung

Reduziert ein Unternehmen mit der unten stehenden Anzahl an Beschäftigten den Anteil seiner Mitarbeiter ohne emotionale Bindung um fünf Prozentpunkte (von 14 auf neun Prozent) und erhöht gleichzeitig den Anteil seiner Mitarbeiter mit hoher emotionaler Bindung um fünf Prozentpunkte (von 15 auf 20 Prozent), reduzieren sich die Fluktuationskosten wie folgt:

Mitarbeiteranzahl	Jährliches Einsparungspotenzial
500 Mitarbeiter	50 000 Euro
2 000 Mitarbeiter	233 000 Euro
30 000 Mitarbeiter	3,5 Millionen Euro

Mehr Bindung = mehr Innovationen

In fast allen Branchen werden die Innovationszyklen kürzer: Unternehmen stehen unter zunehmendem Druck, neue Produkte, Dienstleistungen oder Geschäftsmodelle auf den Markt zu bringen. Dementsprechend stiegen die Innovationsausgaben der Unternehmen in Deutschland seit 2010 kontinuierlich an. Im Jahr 2017 investierten sie 166 Milliarden Euro (2016: 159 Milliarden Euro; 2014: 145 Milliarden Euro; 2012: 137 Milliarden Euro; 2010: 119 Milliarden Euro).[39] Was dabei oftmals nicht berücksichtigt wird, ist einer der wichtigsten Faktoren für Innovationen und deren Erfolg, nämlich die Mitarbeiter. Dabei geht es nicht darum, dass die Beschäftigten jeden Tag bahnbrechende Ideen einbringen. Vielmehr tragen sie vor allem kleine, aber oft sehr nützliche Verbesserungsvorschläge, etwa zur Optimierung von Arbeitsabläufen und Prozessen, bei.

Ob Mitarbeiter neue Ideen einbringen und wie gut diese wirklich sind, hängt wiederum von der emotionalen Mitarbeiterbindung ab. Im Engagement Index 2010 und in dem von 2011 fanden wir heraus, dass Mitarbeiter mit einer hohen emotionalen Bindung 45 Prozent mehr Ideen und Vorschläge einbrachten als ihre ungebundenen Kollegen.

Anlass genug für uns, den Zusammenhang zwischen emotionaler Mitarbeiterbindung und Innovationskraft näher zu untersuchen. Im Rahmen des Engagement Index 2012 gaben 56 Prozent der Arbeitnehmer an, in den zurückliegenden zwölf Monaten mindestens einen Verbesserungsvorschlag eingebracht zu haben. Dies betraf vor allem die Verbesserung von Prozessen (55 Prozent) und Services (36 Prozent). Nur in neun Prozent der Fälle handelte es sich um die Optimierung von Produkten. 47 Prozent der Vorschläge waren zum Befragungszeitpunkt bereits umgesetzt. Diese wiederum hatten zu 86 Prozent bereits zu Einsparungen, mehr Umsatz oder zu höherer Effizienz geführt.

Jedoch zeigte sich auch: Emotional gebundene Mitarbeiter lieferten mehr und bessere Ideen. 66 Prozent der emotional hoch gebundenen Mitarbeiter – aber nur 44 Prozent der emotional nicht gebundenen Mitarbeiter – hatten laut unserer Untersuchung in den zurückliegenden zwölf Monaten einen Verbesserungsvorschlag gemacht. Von diesen Vorschlägen wurden 51 Prozent umgesetzt und führten in 89 Prozent der Fälle zu positiven Effekten. Hingegen wurden nur 27 Prozent der Vorschläge emotional nicht gebundener Mitarbeiter umgesetzt, von denen auch nur 73 Prozent positive Effekte hatten.

Diese Ergebnisse lassen sich vor allem auf das Arbeitsumfeld zurückführen. So berichteten im Jahr 2012 89 Prozent der emotional hoch gebunden Mitarbeiter, dass sie ihre Meinung offen und ohne Furcht einbringen können. Bei den ungebundenen Mitarbeitern lag dieser Anteil nur bei 13 Prozent. Und 68 Prozent der emotional hoch gebundenen Mitarbeiter – aber nur sieben Prozent der ungebundenen Mitarbeiter – fühlten sich im Jahr 2018 ermutigt, neue Ideen und Verbesserungsvorschläge einzubringen.

Wer Neues ausprobiert, muss auch bereit sein, das Scheitern zu akzeptieren, um später daraus zu lernen. Fehlertoleranz ist daher für eine innovationsfreundliche Atmosphäre von grundlegender Bedeutung: 73 Prozent der emotional hoch gebundenen Mitarbeiter stimmten 2012 der Aussage »In meinem Arbeitsumfeld werden Fehler als eine Möglichkeit gesehen, zu lernen und besser zu werden« zu. In der Gruppe der Ungebundenen teilten nur sechs Prozent der Befragten diese Meinung.

Innovationen lassen sich nicht verordnen, aber wer den Innovationsgeist im Unternehmen stärken will, sollte bei der Unternehmenskultur ansetzen. Führungskräfte müssen eine Atmosphäre schaffen, in der Mitarbeiter offen ihre Ideen über Fach- und Hierarchiegrenzen hinweg einbringen können und in der auch ein Denken abseits des Mainstreams möglich ist. 51 Prozent der emotional hoch gebundenen Mitarbeiter – aber nur fünf Prozent der ungebundenen Mitarbeiter – sagten, dass ihr Arbeitgeber Querdenken unterstützt, wie aus dem Engagement Index 2012 hervorging.

INNOVATION DURCH BINDUNG

Fragestellung: „Wie viele Ihrer Ideen haben Sie in den letzten sechs Monaten ausdrücklich Ihrem Vorgesetzten/Ihrer Vorgesetzten vorgestellt?" (2010 u. 2011)

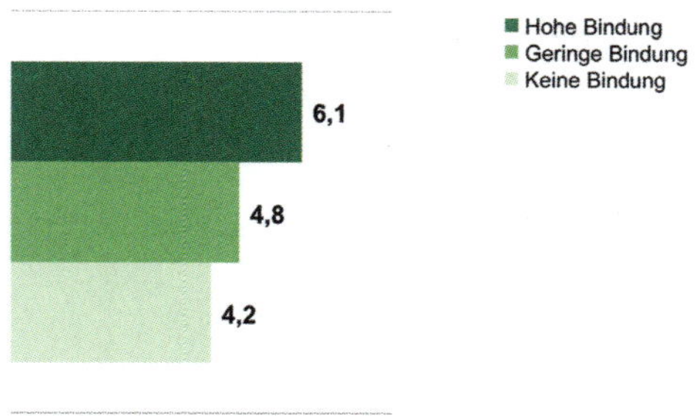

Ø Ideen/Vorschläge pro Mitarbeiter innerhalb von sechs Monaten: 4,8

Basis: Arbeitnehmer ab 18 Jahre in der Bundesrepublik Deutschland

INNOVATIVE MITARBEITER

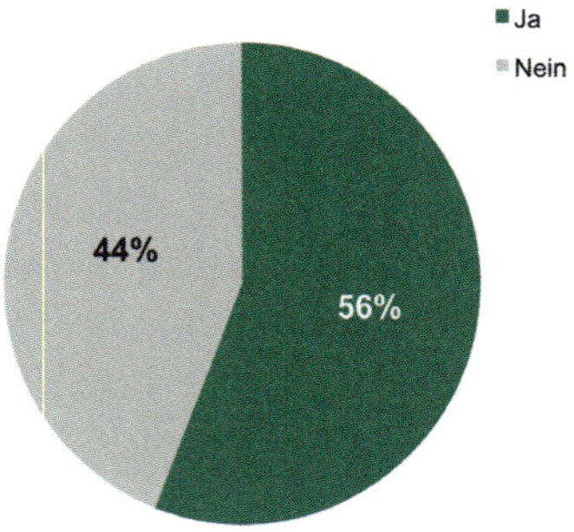

Fragestellung: „Haben Sie in den letzten 12 Monaten einen Verbesserungsvorschlag in Ihr Unternehmen eingebracht?"

Basis: Arbeitnehmer ab 18 Jahre in der Bundesrepublik Deutschland

BESSER BEI PROZESSEN

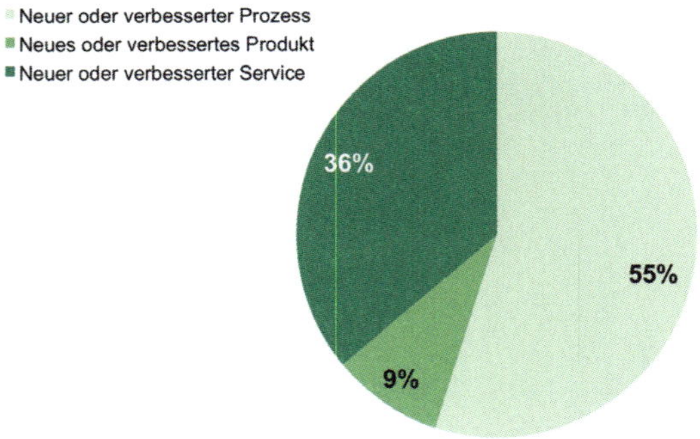

Fragestellung: „Welche der folgenden Kategorien beschreibt am besten den letzten Verbesserungsvorschlag, den Sie gehabt haben?" [Arbeitnehmer, die in letzten 12 Monaten einen Verbesserungsvorschlag in ihr Unternehmen eingebracht haben.]

Basis: Arbeitnehmer ab 18 Jahre in der Bundesrepublik Deutschland

BRAUCHBARE IDEEN

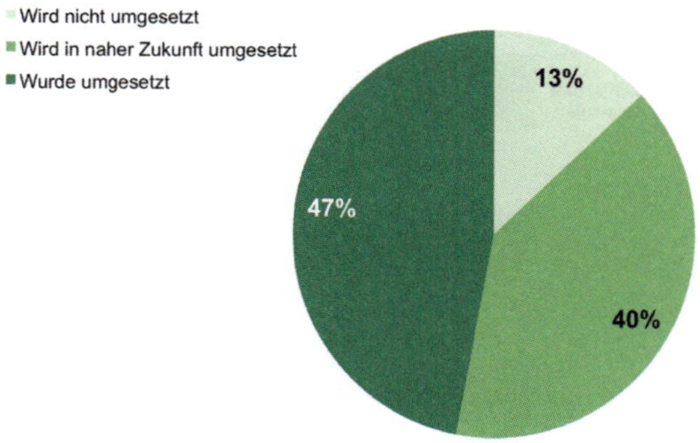

Fragestellung: „Wie ist der aktuelle Stand im Hinblick auf die Umsetzung Ihres Verbesserungsvorschlags?"
[Arbeitnehmer, die in letzten 12 Monaten einen Verbesserungsvorschlag in ihr Unternehmen eingebracht haben.]

Basis: Arbeitnehmer ab 18 Jahre in der Bundesrepublik Deutschland

INNOVATIONEN FÖRDERN WETTBEWERBSFÄHIGKEIT

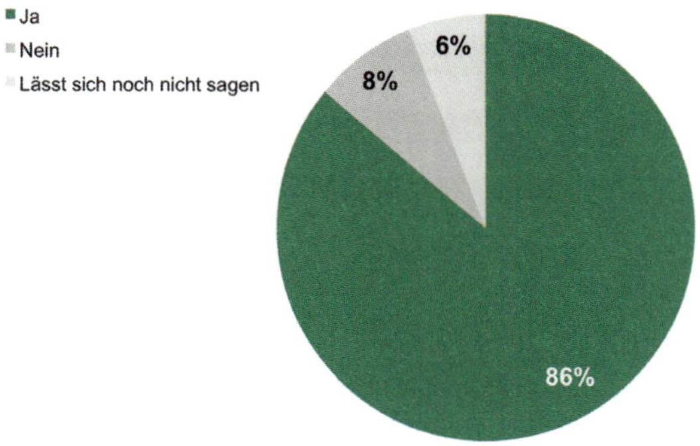

Fragestellung: „Hat Ihre Idee zu Einsparungen, mehr Umsatz oder zu höherer Effizienz für Ihr Unternehmen geführt?"
[Arbeitnehmer, die in letzten 12 Monaten einen Verbesserungsvorschlag in ihr Unternehmen eingebracht haben und die angaben, dass ihr Verbesserungsvorschlag umgesetzt wurde.]

Basis: Arbeitnehmer ab 18 Jahre in der Bundesrepublik Deutschland

WETTBEWERBSFÄHIGKEIT DURCH BINDUNG

EINBRINGUNG, REALISIERUNG UND POSITIVE EFFEKTE VON VERBESSERUNGSVORSCHLÄGEN

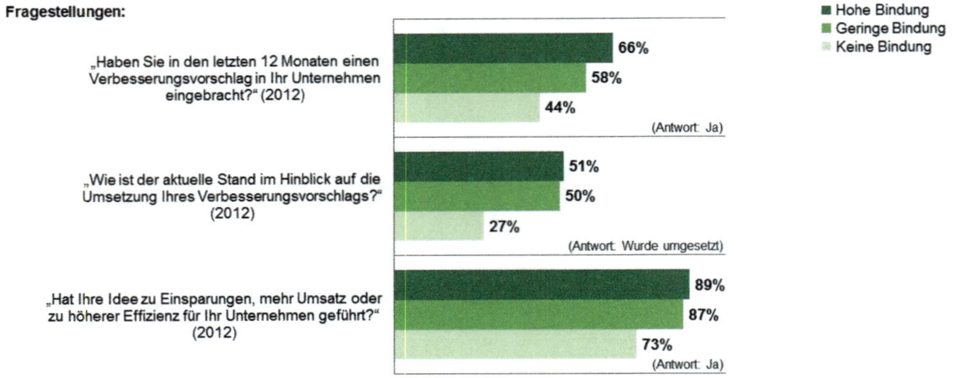

Basis: Arbeitnehmer ab 18 Jahre in der Bundesrepublik Deutschland

INNOVATIONEN LASSEN SICH GEZIELT FÖRDERN

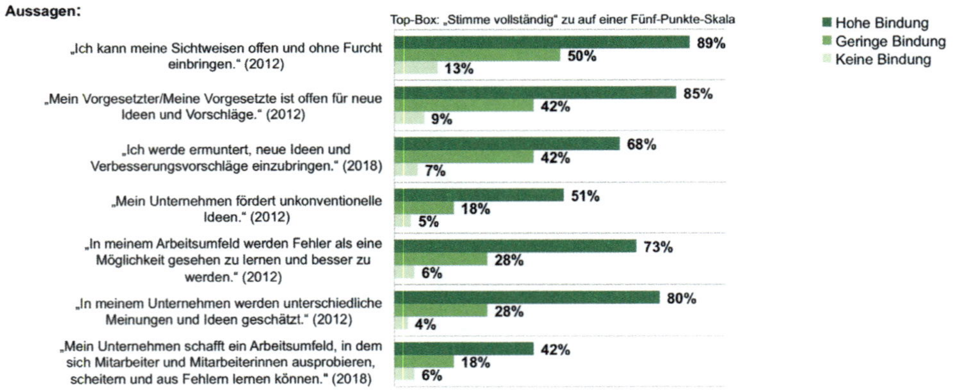

Basis: Arbeitnehmer ab 18 Jahre in der Bundesrepublik Deutschland

PARTNERSCHAFTLICHER UMGANG FÖRDERT DIE THEMATISIERUNG VON FEHLENTWICKLUNGEN

Fragestellung: „Behandelt Ihr Vorgesetzter/Ihre Vorgesetzte Sie bei der Arbeit eher als Untergebener/Untergebene oder als Partner/Partnerin?" (2016)

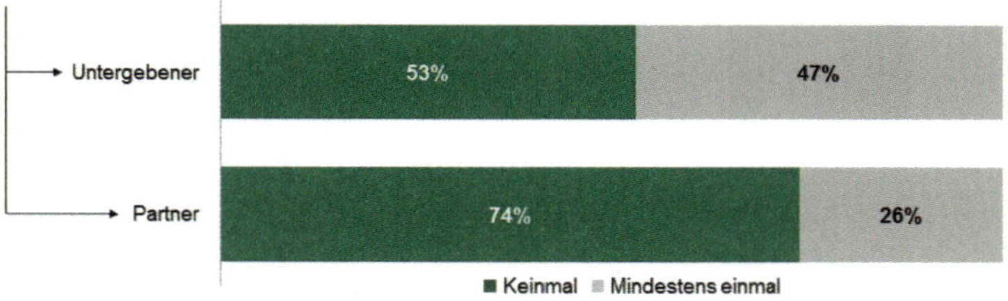

Fragestellung: „Wie oft haben Sie in den letzten 12 Monaten bei der Arbeit trotz schwerer Bedenken diese gegenüber Ihrem Vorgesetzten/Ihrer Vorgesetzten nicht geäußert?" (2016)

Basis: Arbeitnehmer ab 18 Jahre in der Bundesrepublik Deutschland

INNOVATIONSKULTUR – DURCHAUS OFFENHEIT FÜR NEUES, ABER EINGETRETENE PFADE LIEBER NICHT VERLASSEN

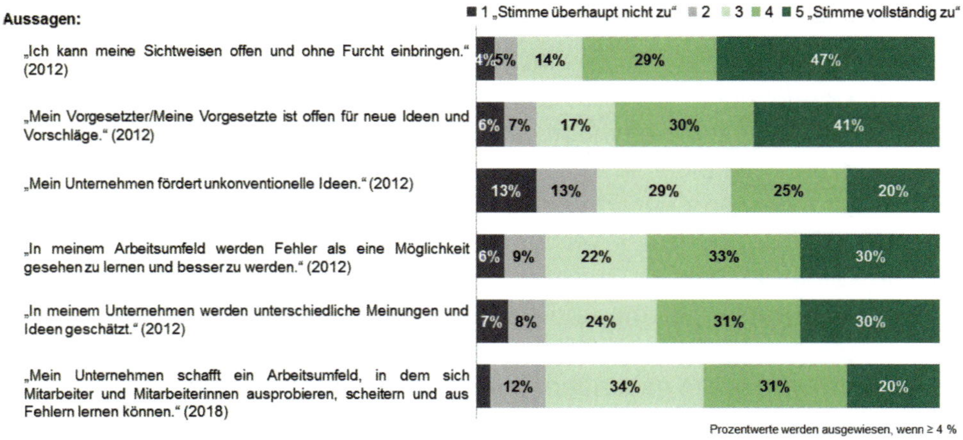

Basis: Arbeitnehmer ab 18 Jahre in der Bundesrepublik Deutschland

INNOVATIONSOFFENERE GRUNDSTIMMUNG

Aussage: „Ich werde ermuntert, neue Ideen und Verbesserungsvorschläge einzubringen."

Basis: Arbeitnehmer ab 18 Jahre in der Bundesrepublik Deutschland

Fehlerkultur

Querdenken bietet ein generelles Risiko für Fehler. Diese sind jedoch auch Begleiter im Arbeitsalltag – bei der Weitergabe von Information, im zwischenmenschlichen Miteinander, beim Treffen von Entscheidungen oder bei der Konfrontation mit neuen Situationen. In Deutschland herrscht allerdings eine Kultur vor, die Fehler nicht zu verzeihen scheint. Im Engagement Index 2015 erklärten zwar acht von zehn Arbeitnehmern (80 Prozent), dass Fehler durchaus zum Lernen und zur Veränderung genutzt würden, zugleich stellte aber gut ein Viertel der Befragten (27 Prozent) fest: »Wenn ich bei der Arbeit Fehler mache, dann hat das negative Folgen für mich.« Da verwundert es nicht, dass Mitarbeiter aus Angst vor Konsequenzen Probleme und Fehler nicht transparent machen. Ein Drittel der Arbeitnehmer (31 Prozent) gab im Engagement Index 2016 an, im letzten Jahr schwere Bedenken gegenüber ihrem Vorgesetzten mindestens einmal nicht geäußert zu haben. Jeder fünfte Arbeitnehmer (20 Prozent) war in einer Angstkultur zu Hause. Sie hatten in den letzten zwölf Monaten dreimal oder häufiger geschwiegen, obwohl sie unter dem Eindruck standen, dass etwas falsch läuft.

Das Aussprechen von Bedenken ist eng mit dem Grad der emotionalen Bindung verknüpft: 80 Prozent der emotional hoch gebundenen Mitarbeiter sagten, dass sie keinmal geschwiegen haben. Von den emotional nicht gebundenen Mitarbeitern erklärte dies nur jeder Zweite (55 Prozent). Demgegenüber hatte ein Drittel der inneren Kündiger (36 Prozent) dreimal oder häufiger Bedenken nicht vorgetragen – aber nur sechs Prozent der Mitarbeiter mit hoher emotionaler Bindung entschieden sich, den Mund nicht aufzumachen. Werden Mitarbeiter ermutigt, Fehlentwicklungen anzusprechen, reduziert sich die Gefahr, dass Erfolgloses zu lange weitergeführt wird. Des Weiteren sorgt ein konstruktiver Umgang mit Fehlern und Bedenken dafür, dass sie nicht vertuscht werden. Ein vertuschter Fehler ist ein doppelter Fehler, denn er wurde begangen und es wurde nichts daraus gelernt. Ein autoritärer Führungsstil behindert, wie aus dem Engagement Index 2016 hervorging, die Fehlerkultur: Arbeitnehmer, die sich von ihrer Führungskraft auf Augenhöhe als Partner behandelt fühlten, schwiegen deutlich seltener als Beschäftigte, die den klassischen Führungsstil per Ansage von oben herab erlebten (mindestens einmal geschwiegen: 26 Prozent zu 47 Prozent).

In einer innovationsfreundlichen Kultur sollten Versuch und Irrtum erlaubt sein. Aber lediglich jeder fünfte Arbeitnehmer (20 Prozent) stimmte zuletzt (2018) der Aussage »Mein Unternehmen schafft ein Arbeitsumfeld, in dem sich Mitarbeiter und Mitarbeiterinnen ausprobieren, scheitern und aus Fehlern lernen können« ohne Wenn und Aber zu. Dabei zeigte sich, dass emotional hoch gebundene Beschäftigte gegenüber emotional nicht gebundenen Mitarbeitern dieser Aussage deutlich stärker zustimmten (42 Prozent zu sechs Prozent).

Nichtsdestotrotz: Die Arbeitnehmer hierzulande erlebten zuletzt (2018) eine deutlich innovationsoffenere Grundstimmung als noch vor einigen Jahren. Während im Jahr 2012 lediglich 34 Prozent der Beschäftigten der Aussage »Ich werde ermutigt, neue Ideen und Verbesserungsvorschläge einzubringen« uneingeschränkt zustimmten, taten dies jüngst (2018) 41 Prozent. Es gilt, eine Kultur zu entwickeln und zu fördern, in der Ideen ausgesprochen, gehört, entwickelt und gefördert werden. Dazu gehört, dass Mitarbeiter erleben müssen, dass das, was sie zu sagen haben, ernst genommen wird. Für Unternehmen sind Ideenwettbewerbe ein einfacher und effektiver Weg, an Neues zu kommen. Allerdings müssen Mitarbeiter erfahren, dass auf ihre Vorschläge zeitnah reagiert wird, indem Fragen zur eingereichten Idee gestellt werden, Kritik geübt wird oder eine Absage erfolgt. Der Umgang mit Kritik und Absagen ist zwar nicht angenehm, aber immerhin ist die Kommunikation dieser ein Zeichen, dass sich mit dem Vorschlag auseinandergesetzt wurde. Nichts ist schlimmer, als gar keine Reaktion zu erhalten, da dies Mitarbeitern Gleichgültigkeit signalisiert.

Und auch im Arbeitsalltag müssen sich Mitarbeiter gehört fühlen. Der Aussage »Bei der Arbeit scheinen meine Meinungen zu zählen« stimmte im Jahr 2018 nur jeder dritte Beschäftigte (34 Prozent) ohne Wenn und Aber zu. Wer im Arbeitsalltag und bei Problemlösungen kein Gehör findet, resigniert mit der Zeit und bringt sich nicht mehr ein. Damit fehlt eine wichtige Voraussetzung, Mängel zu beheben und Neues hervorzubringen. Mitarbeiter müssen das Gefühl haben, dass ihnen – unabhängig von ihrem Rang und Titel – zugehört wird. Diesen Eindruck teilten emotional hoch Gebundene deutlich stärker als Mitarbeiter ohne emotionale Bindung. Von Letztgenannten stimmten der Aussage »Bei der Arbeit scheinen meine Meinungen zu zählen« nur zwei Prozent uneingeschränkt zu, von den Erstgenannten taten dies 65 Prozent.

FEHLERKULTUR SCHWACH AUSGEPRÄGT

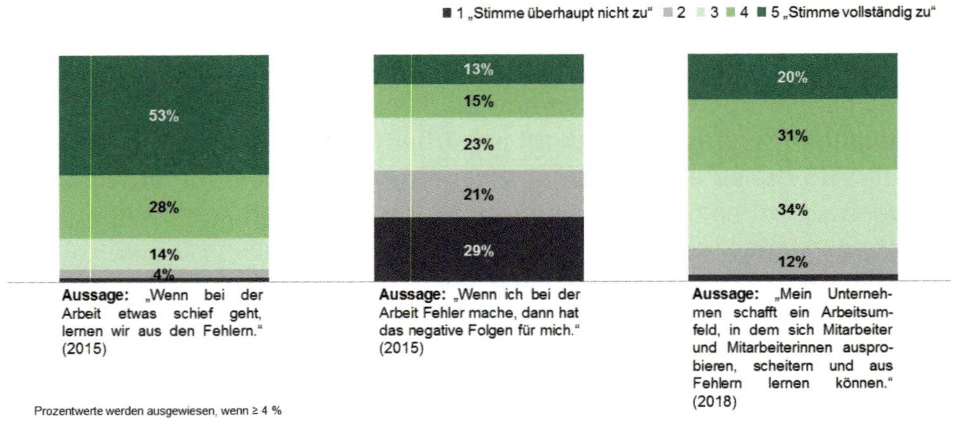

Prozentwerte werden ausgewiesen, wenn ≥ 4 %

Basis: Arbeitnehmer ab 18 Jahre in der Bundesrepublik Deutschland

MITARBEITER SEHEN FEHLENTWICKLUNG – UND SCHWEIGEN

Fragestellung: „Wie oft haben Sie in den letzten 12 Monaten bei der Arbeit trotz schwerer Bedenken diese gegenüber Ihrem Vorgesetzten/Ihrer Vorgesetzten nicht geäußert?"

Basis: Arbeitnehmer ab 18 Jahre in der Bundesrepublik Deutschland

Kapitel 4
Mitarbeiter – die vergessene Marketingressource

Der Erfolg von Unternehmen hängt von verschiedenen Faktoren ab: von hervorragenden Produkten und Dienstleistungen bis hin zu konkurrenzfähigen Preisen. Aber ein Aspekt wird häufig unterschätzt – der Einfluss der Mitarbeiter. Besonders vor dem Hintergrund der Digitalisierung wird in vielen Branchen der persönliche Kundenkontakt immer seltener. Umso mehr Bedeutung gewinnt dadurch jeder einzelne Eindruck, den der Kunde von einem Unternehmen hat. Auch in Anbetracht einer wahrgenommenen Austauschbarkeit von Anbietern ist das Personal eine gute Möglichkeit, sich im Wettbewerb zu differenzieren.

Seit dem Jahr 2008 erhebt Gallup in regelmäßigen Abständen als Teilstudie des Engagement Index den Brand Ambassador Index, bei dem die Beschäftigten Auskunft zum Markenversprechen und -verständnis des Arbeitgebers sowie zum Stolz auf die eigenen Produkte und/oder Dienstleistungen geben.

Durch ihr Verhalten und ihre Kommunikation sind Mitarbeiter maßgeblich für den Eindruck, den ein Kunde von einem Unternehmen hat, verantwortlich. Sie repräsentieren Tag für Tag ihren Arbeitgeber und sorgen unter anderem dafür, dass dessen Markenversprechen eingehalten wird. 69 Prozent der Beschäftigten in Deutschland hatten im Jahr 2016 einen Arbeitsplatz mit Kundenkontakt (2008: 65 Prozent), 92 Prozent davon regelmäßig, das heißt mehrmals in der Woche (2008: 93 Prozent). Problematisch wird es immer dann, wenn die Mitarbeiter nicht genau wissen, wofür ihr Unternehmen eigentlich steht:

- 32 Prozent der Mitarbeiter zählten im Jahr 2016 zu den Teilnahmslosen, die in der Regel nicht wussten, wofür ihr Unternehmen steht – was ihnen auch gleichgültig zu sein schien (2008: 35 Prozent).

- 42 Prozent der Beschäftigten gehörten gemäß der letzten Erhebung der Gruppe der uninformierten beziehungsweise uninspirierten Mitarbeitern an, die sich über das Markenversprechen ihres Unternehmens unsicher waren (2008: 37 Prozent).

- Nur 27 Prozent waren im Jahr 2016 passionierte Mitarbeiter, die wussten, wofür ihr Unternehmen steht und das Markenversprechen ihrer Firma lebten (2008: 28 Prozent).

Alle drei Gruppen erwiesen sich im Zeitverlauf als relativ stabil, was darauf hindeutet, dass es Unternehmen bisher nicht gelungen ist, das Potenzial ihrer Mitarbeiter als Markenbotschafter zu nutzen.

Emotionale Mitarbeiterbindung spielt im Bereich Markenbotschaftertum eine wichtige Rolle. In der Gruppe der emotional hoch gebundenen Beschäftigten lag der Anteil der passionierten Markenbotschafter zuletzt bei 64 Prozent, bei den emotional nicht gebundenen Mitarbeitern lediglich bei zehn Prozent.

Vor allem auf den unteren Hierarchieebenen – ausgerechnet an der Schnittstelle zum Kunden – mangelte es am Markenverständnis, wie im Engagement Index 2010 wiederholt bestätigt wurde: 71 Prozent der Mitarbeiter ohne Personalverantwortung hatten regelmäßigen Kundenkontakt (2008: 69 Prozent). Aber nur 49 Prozent dieser Mitarbeiter wussten auch, wofür ihre Firma steht (2008: 44 Prozent). Stolz auf die Produkte und Dienstleistungen ihres Arbeitgebers waren sogar nur 36 Prozent (2008: 30 Prozent). Hingegen kannten 65 Prozent der Geschäftsführer und Vorstände das Markenversprechen ihres Unternehmens (2008: 63 Prozent) – sie waren jedoch nur selten an der Kundenfront zu finden: Lediglich ein Prozent der Mitarbeiter mit Geschäftsleitungsfunktion hatte regelmäßigen Kundenkontakt (2008: vier Prozent).

Gerade vor diesem Hintergrund ist es unabdingbar, ein Verständnis dafür zu schaffen, dass durch das Einhalten und Vermitteln des Markenversprechens jeder einzelne Beschäftigte dazu beiträgt, Kundenbindungen auf- und auszubauen sowie neue Kunden zu gewinnen. Um dies zu fördern, sollten Unternehmen ihre wichtigste Marketingressource, die Mitarbeiter, stärker in den Fokus stellen. Das bedeutet auch, dass Unternehmen deutlich kommunizieren müssen, wofür ihr Unternehmen steht. Denn nur so sind Mitarbeiter in der Lage, das Markenversprechen zu verstehen und es auch einzulösen. In vielen Unternehmen scheint die Realität – trotz positivem Trend seit 2008 – hiervon noch weit entfernt zu sein.

Zuletzt (2016) wussten 57 Prozent der Mitarbeiter genau, wofür ihr Arbeitgeber steht und was ihn von den Wettbewerbern unterscheidet. Im Jahr 2008 lag dieser Wert noch zehn Prozentpunkte darunter. Allerdings war nach wie vor nur jeder dritte Mitarbeiter (32 Prozent) ohne Wenn und Aber auf die Qualität der Produkte beziehungsweise Dienstleistungen seines Unternehmens stolz (2008: 33 Prozent).

NUR WENIGE TAUGEN ZUM MARKENBOTSCHAFTER

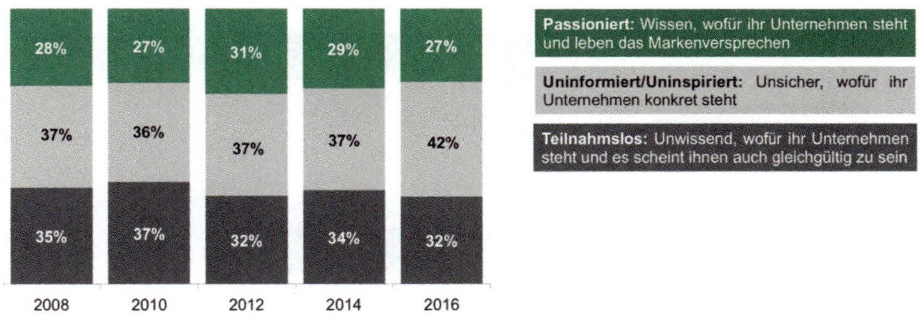

Basis: Arbeitnehmer ab 18 Jahre in der Bundesrepublik Deutschland

GEBUNDENE MITARBEITER SIND PASSIONIERTE MARKENBOTSCHAFTER

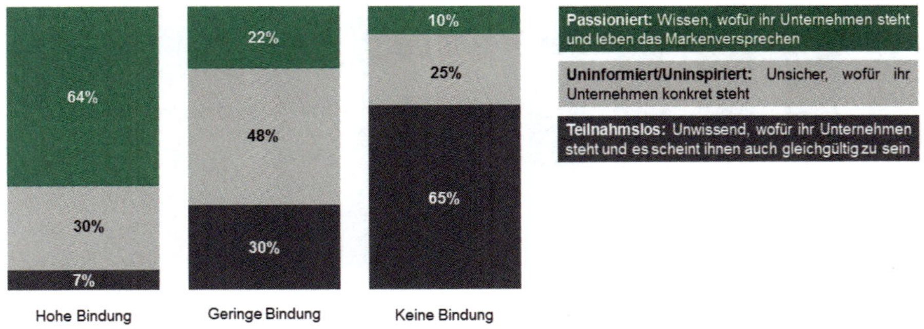

Basis: Arbeitnehmer ab 18 Jahre in der Bundesrepublik Deutschland

HOHE BINDUNG = MARKENKENNTNIS UND STOLZ

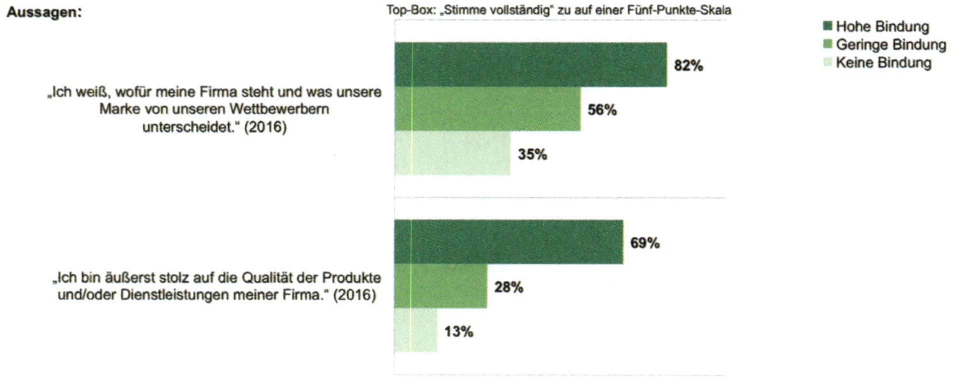

Basis: Arbeitnehmer ab 18 Jahre in der Bundesrepublik Deutschland

ZUNEHMENDE MARKENKENNTNIS; STOLZ AUF UNVERÄNDERTEM NIVEAU

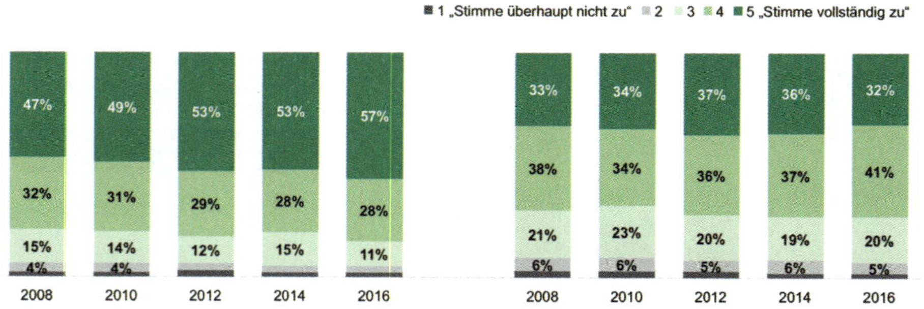

Aussage: „Ich weiß, wofür meine Firma steht und was unsere Marke von unseren Wettbewerbern unterscheidet."

Aussage: „Ich bin äußerst stolz auf die Qualität der Produkte und/oder Dienstleistungen meiner Firma."

Prozentwerte werden ausgewiesen, wenn ≥ 4 %

Basis: Arbeitnehmer ab 18 Jahre in der Bundesrepublik Deutschland

Vom Mitarbeiter zum Markenbotschafter

Mitarbeiter sind ein zentraler Bestandteil der Marke, aber nur dann, wenn ihnen klar ist, dass das Versprechen selbst und dessen Einhalten unabdingbar zusammengehören. In vielen Fällen fehlt Mitarbeitern jedoch schlicht die notwendige Orientierung. Zunächst einmal wollen Mitarbeiter einen Sinn in ihrer Tätigkeit sehen und sich als Teil einer größeren Sache fühlen. Es geht um das Stiften von Identität. Daher ist es wichtig, dass sie die übergeordnete(n) Unternehmensziele und -philosophie verstehen – und begreifen, welchen Beitrag der Einzelne in seinem Tätigkeitsfeld zum großen Ganzen leistet. Dies ist in der Regel dann vorhanden, wenn die Arbeit als wichtig angesehen und wahrgenommen wird. Gleichzeitig brauchen Mitarbeiter Erwartungsklarheit. Sie wollen wissen, was von ihnen konkret bei der Arbeit verlangt wird, welche Ergebnisse erreicht werden sollen und welche Prioritäten es gibt.

Veranschaulichen lässt sich dies am Beispiel des Baus eines Turms. Herrscht sowohl hinsichtlich der Unternehmensziele und -philosophie als auch der konkreten Erwartungen nur eine eingeschränkte Orientierung vor, fragt sich der Mitarbeiter: »Was haben wir eigentlich vor? Und was ist meine Aufgabe?« Herrscht hingegen Klarheit über die Erwartungen, nicht aber über die Unternehmensziele und -philosophie, ist dem Mitarbeiter bewusst: »Ich stapele Steine aufeinander, aber was am Ende entstehen soll, weiß ich nicht.« Wir sprechen hier von einer Tagesgeschäft-Orientierung. Bei der Big-Picture-Orientierung werden die Unternehmensziele und -philosophie klar vermittelt, nicht aber die Erwartungen im Arbeitsalltag. Der Mitarbeiter weiß: »Wir werden einen Turm bauen. Aber was genau ist meine Aufgabe dabei?«

Nur bei einer vollständigen Orientierung erkennt der Mitarbeiter: »Wir bauen einen Turm aus Steinen und meine Aufgabe ist es, diese Steine aufeinander zu stapeln.« Diese vollständige Orientierung im Großen wie im Kleinen ist notwendig, damit ein Unternehmen auf Dauer erfolgreich sein kann. Ein Mitarbeiter, der weiß, warum und mit welchen Zielen er eine Aufgabe erledigen soll und inwieweit sie für das Unternehmen wichtig ist, geht fokussierter an die Arbeit heran und ist dementsprechend effektiver und effizienter.

Unsere Daten zeigten allerdings: 24 Prozent der Arbeitnehmer in Deutschland fehlte es im Jahr 2016 an Orientierung bei der Arbeit, 45 Prozent verfügten über eine Tagesgeschäft-Orientierung und fünf Prozent über eine Big-Picture-Orientierung. Nur 26 Prozent der Arbeitnehmer wiesen eine vollständige Orientierung in beiden Bereichen auf.

Innerhalb dieser Gruppen zeigten sich signifikante Unterschiede hinsichtlich der Kenntnis des Markenversprechens: So wussten 81 Prozent derjenigen mit vollständiger Orientierung ganz genau, wofür ihr Unternehmen steht und was es von den Wettbewerbern unterscheidet – bei denjenigen mit eingeschränkter Orientierung waren es nur 31 Prozent. Ein ähnliches Bild zeigte sich beim Stolz auf die eigenen Produkte oder Dienstleistungen: 60 Prozent der Mitarbeiter mit vollständiger Orientierung stimmten hier ohne Wenn und Aber zu, bei den orientierungslosen Mitarbeitern waren es lediglich 14 Prozent.

ORIENTIERUNGSLOSIGKEIT IST IM GROSSEN WIE IM KLEINEN WEIT VERBREITET

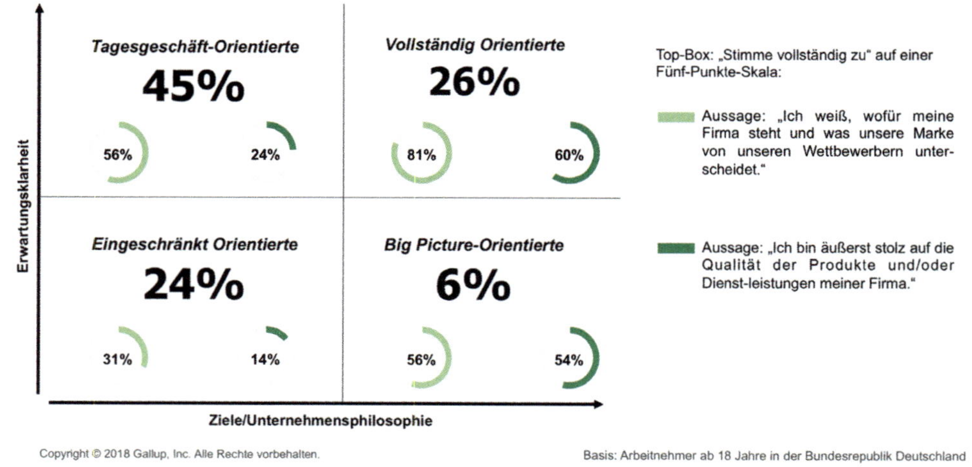

Eine vollständige Orientierung zu geben, ist eine der zentralen Aufgaben der Führungskräfte. Es liegt in ihrer Verantwortung, das große Ganze und den individuellen Beitrag des Einzelnen hierzu aufzuzeigen und zu formulieren, was sie von den Mitarbeitern bei der Arbeit konkret erwarten. Nur so können sie die Voraussetzungen schaffen, dass Mitarbeiter ihre Wirkung als Markenbotschafter entfalten können.

Allein bei der Kommunikation und dem Verständnis der Markenbotschaft bleibt es jedoch nicht. Ebenso wichtig ist es, dass das Unternehmen über ein Markenversprechen verfügt, das die Mitarbeiter auch einlösen können. Was bedeutet das? Zunächst sollten Unternehmen ihr Markenversprechen kritisch unter die Lupe nehmen: Welche Versprechen sind leicht einzuhalten? Welche Versprechen gestalten sich bei der Einhaltung als schwierig? Welche Versprechen stellen den Kunden in den Mittelpunkt? Welche Versprechen definieren die Marke? Welche Versprechen sind überflüssig und können gekappt werden? Welche Versprechen differenzieren das Unternehmen von der Konkurrenz?

Unter Berücksichtigung dieser Fragen können Unternehmen ihr Markenversprechen viel eindeutiger definieren und sicherstellen, dass es wahrheitsgemäß, überzeugend und einzigartig ist – und sich auch in der Realität an den seltener werdenden Schnittstellen zwischen Mitarbeitern und Kunden umsetzen lässt. Alle Versprechen, die falsch oder schwierig zu erfüllen sind, können über Bord geworfen und der Fokus ausschließlich auf Versprechen gelegt werden, die Mitarbeiter konsequent erfüllen können. Nachdenklich sollte stimmen, dass im Jahr 2014 nur jeder dritte Arbeitnehmer (35 Prozent) vorbehaltlos erklärte, dass sein Unternehmen die den Kunden gegebenen Zusagen immer einhält.

Führungskräfte mit Teams an der Kundenschnittstelle sollten mit ihren Mitarbeitern regelmäßig das Markenversprechen thematisieren und sie dabei unterstützen, ein Verständnis dafür zu gewinnen, wie sie ein Markenerlebnis »liefern«. In vielen Unternehmen gibt es hier allerdings Nachholbedarf: Nur jeder vierte Mitarbeiter (27 Prozent) mit regelmäßigem Kundenkontakt gab im Jahr 2010 an, dass in seinem Team in bestimmten Abständen darüber gesprochen wurde, wie das Markenversprechen für Kunden erlebbar gemacht werden kann.

MARKENVERSPRECHEN EINHALTEN UND ERLEBBAR MACHEN

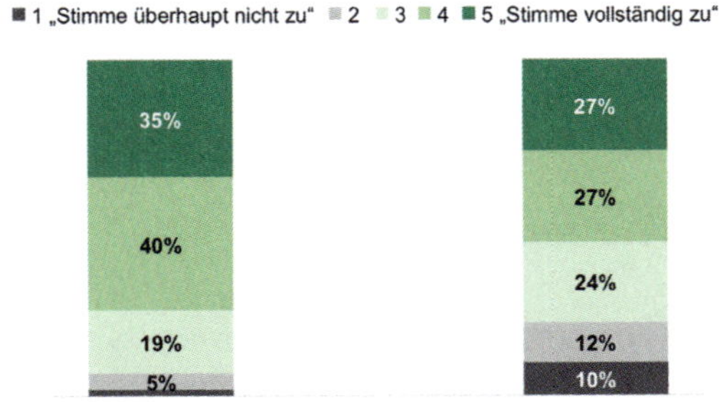

Aussage: „Mein Unternehmen hält Zusagen gegenüber Kunden immer ein." (2014)

Aussage: „In meinem Team besprechen wir regelmäßig, wie wir unser Markenversprechen für unsere Kunden täglich erlebbar machen können." (2010)

[Basis: Arbeitnehmer mit regelmäßigem, direktem Kundenkontakt]

Prozentwerte werden ausgewiesen, wenn ≥ 4 %

Basis: Arbeitnehmer ab 18 Jahre in der Bundesrepublik Deutschland

Daher sollte auch bei den Marketingverantwortlichen und Kundenmanagern ein Umdenken stattfinden: Sie müssen sich verstärkt an ein bisher ignoriertes »internes Publikum« wenden, um ein Markenverständnis bei den Mitarbeitern zu entwickeln und zu festigen. Um eine Kultur zu schaffen, die Markenbotschaftertum ermöglicht, sind mehrere Schritte notwendig: Zunächst bedarf es einer Befragung, um zu ermitteln: Wie wird die Marke von der Belegschaft verstanden und im Alltag gelebt? Wo im Unternehmen kommt es zur Abweichung von Soll und Ist? Welche Touchpoints, zum Beispiel Filiale oder Callcenter, sind betroffen? Und welche Teams sind es innerhalb dieser Touchpoints?

Unternehmen müssen herausfinden, wo das Markenbotschaftertum besonders ausgeprägt ist, welche die verantwortlichen Faktoren sind und wie sich diese im Sinne von Best Practice unternehmensweit positiv beeinflussen lassen. Gleichzeit gilt es, Barrieren zu identifizieren, die dem Markenbotschaftertum im Weg stehen. Hierzu müssen sämtliche Prozesse auf den Prüfstand gestellt werden – von der Kommunikation mit den Mitarbeitern bis hin zu den Trainingsprogrammen. Das Identifizieren der unterschiedlichen Wahrnehmungen bildet die Grundlage für gezielte Maßnahmen, um ein einheitliches Verständnis der Marke zu schaffen und diese auf die Mitarbeiter-Kunden-Interaktion zu übertragen.

Wenn ein Verständnis für die Marke vorhanden ist, überträgt sich dies auch auf den Kunden. Denn jeder Kundenkontakt trägt zur Kundenerfahrung bei und sollte daher unternehmensweit an allen Berührungspunkten positiv gestaltet werden. Dabei muss die Authentizität der Mitarbeiter erhalten bleiben. Denn es geht nicht darum, dass sich Mitarbeiter gemäß Handbuch verhalten, sondern dass sie authentisch und im Einklang mit der Marke agieren. Unternehmen müssen ihren Mitarbeitern daher Orientierung im Großen wie im Kleinen geben, Klarheit in Bezug auf das Markenversprechen schaffen und ermöglichen, dass sie sich dem Kunden gegenüber in diesem Gerüst »frei« bewegen können, ohne ihnen ein einengendes Korsett anzulegen.

Die Bereitschaft zur Weiterempfehlung

Ähnlich wie beim Markenversprechen verkennen Unternehmen oftmals, wie zentral ihre Belegschaft für das Marketing ist. Emotional gebundene Mitarbeiter tragen dazu bei, dass Unternehmen ihr Personal als Marketingressource nutzen können. Dieses Potenzial wird bisher jedoch unzureichend ausgeschöpft, denn nur 15 Prozent der Beschäftigten in Deutschland waren zuletzt (2018) emotional hoch gebunden. Mitarbeiter, die emotional nicht gebunden sind, empfehlen ihren Arbeitgeber und dessen Produkte auch im eigenen sozialen Umfeld erheblich seltener weiter. Der Engagement Index 2017 zeigte, dass nur zehn Prozent der Arbeitnehmer ohne emotionale Bindung, aber 82 Prozent der emotional hoch gebundenen Mitarbeiter die Produkte oder Dienstleistungen ihrer Firma im Familien- und Freundeskreis uneingeschränkt weiterempfehlen würden.

Dieses sogenannte Empfehlungsmarketing lässt sich zwar nur schwer in Euro und Cent ausdrücken, für Unternehmen ist es dennoch von großer Relevanz. Beim Kauf verlassen sich die Kunden mehr auf persönliche Empfehlungen als auf die klassische Werbung. Empfehlungen aus dem direkten Umfeld gelten als deutlich glaubwürdiger, da sich Mund-zu-Mund-Propaganda nicht gezielt inszenieren lässt und die empfehlende Person mit ihrer Reputation für ihre Empfehlung einsteht.

Dies gilt nicht nur für den Verkauf von Produkten und Dienstleistungen, sondern auch für das Personalmarketing. Unternehmen können sich durch positive Mund-zu-Mund-Propaganda der eigenen Mitarbeiter bei potenziellen Bewerbern als attraktiver Arbeitgeber positionieren – gerade in Zeiten des Fachkräftemangels und vor dem Hintergrund des demografischen Wandels ein nicht zu unterschätzender Faktor. Auch hier erfolgte die Empfehlung vor allem durch emotional hoch gebundene Mitarbeiter, wie aus dem Engagement Index 2018 hervorging: 62 Prozent von ihnen würden ihr Unternehmen ohne Wenn und Aber als Arbeitgeber weiterempfehlen, hingegen würden dies nur sieben Prozent der Mitarbeiter ohne emotionale Bindung tun.

BINDUNG SORGT FÜR WEITEREMPFEHLUNG

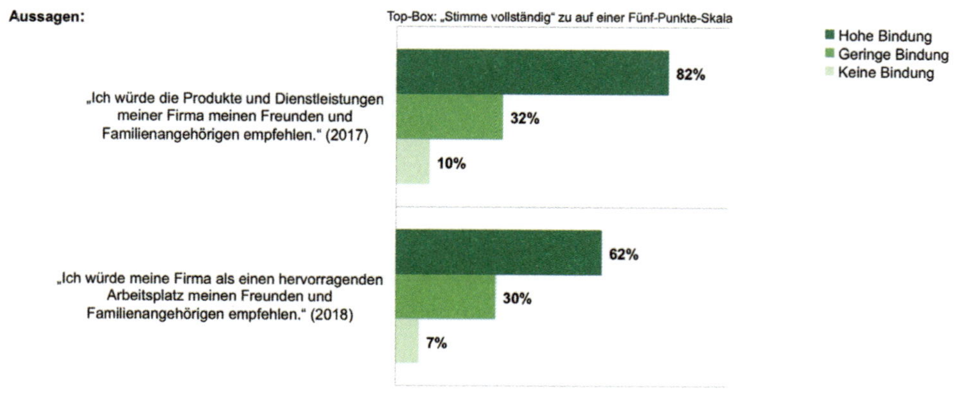

Basis: Arbeitnehmer ab 18 Jahre in der Bundesrepublik Deutschland

NUR JEDER DRITTE STEHT OHNE VORBEHALT HINTER SEINEM ARBEITGEBER

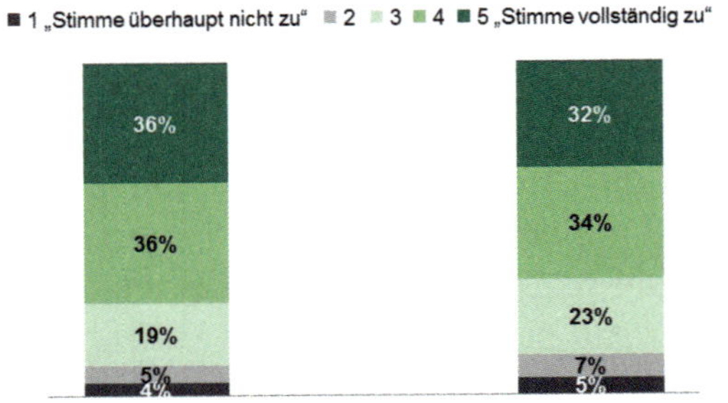

Aussage: „Ich würde die Produkte und Dienstleistungen meiner Firma meinen Freunden und Familienangehörigen empfehlen." (2017)

Aussage: „Ich würde meine Firma als einen hervorragenden Arbeitsplatz meinen Freunden und Familienangehörigen empfehlen." (2018)

Basis: Arbeitnehmer ab 18 Jahre in der Bundesrepublik Deutschland

Der Kunde im Mittelpunkt aller Bemühungen[40]

Jeder Kontakt zum Mitarbeiter eines Anbieters ist Bestandteil der Kundenerfahrung, die entweder positiv oder negativ ist und darüber entscheidet, ob jemand einem Anbieter gewogen bleibt oder nicht. An der Schnittstelle Kunde-Mitarbeiter werden daher Werte geschaffen oder vernichtet. Langfristige Kundenbindung kann nur entstehen, wenn eine emotionale Bindung zum Anbieter aufgebaut und gefestigt ist. Ermöglicht wird dies am ehesten durch Interaktion zwischen Mitarbeiter und Kunde.

Kunden erwarten Aufmerksamkeit und Wertschätzung, die ihnen vielfach nicht entgegengebracht wird. Entsprechend verwundert es nicht, dass sechs von zehn Kunden aus Ärger über schlechte Bedienung ein Geschäft schon einmal ohne Kauf verlassen haben. Einzelhandelsstudien zeigten, dass fast 70 Prozent der Kundenverluste auf weiche Faktoren zurückgingen, weil Mitarbeiter nicht kundenorientiert agierten.[41] Wie häufig kommt es vor, dass ein Kunde in einem Geschäft auf der Suche nach einem Mitarbeiter ist und das Personal auf ein Schwätzchen in einer Ecke zusammensteht und sich durch den Kunden sogar dabei gestört fühlt? Der Preis spielt bei der Kundenabwanderung hingegen nur eine untergeordnete Rolle.[42]

Aus Kundensicht lassen sich drei relevante Aspekte an der Schnittstelle zwischen Mitarbeiter und Kunde ausmachen: Aktivität, Atmosphäre und Auskunft.

- Unter *Aktivität* sind funktionale Aspekte zu verstehen. Es geht um das, was ein Mitarbeiter für einen Kunden tun soll, beispielsweise das Heraussuchen passender Produkte, den Abschluss eines Vertrags oder das Führen eines Beratungsgesprächs.

- Mit *Atmosphäre* ist die persönliche Note eines Mitarbeiters gemeint, die den Ausschlag für die emotionale Reaktion des Kunden gibt. Dazu zählen Arbeitseinstellung, Freundlichkeit, Höflichkeit, Hilfsbereitschaft, das vermittelte Gefühl des Willkommenseins und der Wertschätzung.

- *Auskunft* bezieht sich auf Informationen und Ratschläge, die Mitarbeiter geben, und umfasst unter anderem Sachkunde, Ehrlichkeit, die Bereitstellung relevanter Informationen und die Kommunikation in einer verständlichen Sprache.

Mit dem Grad der emotionalen Bindung nimmt auch die Kundenorientierung zu, wie aus dem Engagement Index 2013 hervorging. So stimmten zum Erhebungszeitpunkt 72 Prozent der emotional hoch gebundenen Mitarbeiter – aber nur 37 Prozent derjenigen ohne emotionale Bindung – der Aussage »Die Erfüllung der Kundenwünsche und -bedürfnisse bestimmt mein tägliches Handeln« uneingeschränkt zu. Ein ähnliches Bild ergab sich bei der Aussage »Für mich ist jeder Kunde König«, welche wir im Engagement Index 2010 untersuchten: 73 Prozent Zustimmung ohne Wenn und Aber unter Beschäftigten mit einer hohen emotionalen Bindung, aber nur 47 Prozent absolute Zustimmung bei Mitarbeitern, die keine emotionale Bindung an ihren Arbeitgeber aufwiesen.

Oft sind es Aspekte, die unbedeutend und profan scheinen, aber den Kunden durch Abweichung von der Norm positiv überraschen und so dazu beitragen, dass sich ein Anbieter im Markt differenziert. Solche Effekte lassen sich besonders gut bei der Frage beobachten, wie mit Kundenrückmeldungen umgegangen wird. Die Bereitschaft, Feedback von Kunden als Anlass zu Verbesserungen zu nehmen, lag bei Mitarbeitern ohne emotionale Bindung mit fünf Prozent deutlich niedriger als bei Beschäftigten mit hoher emotionaler Bindung, die einen Wert von 49 Prozent aufwiesen. Ähnlich verhielt es sich im Fall von Beschwerden: 57 Prozent der emotional hoch gebundenen Mitarbeiter – aber nur drei Prozent derjenigen ohne emotionale Bindung – stimmten der Aussage »Reklamationen von Kunden führen bei uns immer zu konkreten Verbesserungsmaßnahmen« ohne Vorbehalt zu.

Generell scheint es in vielen deutschen Unternehmen hinsichtlich der Kundenorientierung fundamentale Defizite zu geben: Nur 27 Prozent der Beschäftigten mit regelmäßigem Kundenkontakt hatten ohne Vorbehalt den Eindruck, dass die bestehenden Systeme und Verfahren im Unternehmen einen schnellen Service für Kunden ermöglichen. Des Weiteren stimmten nur 24 Prozent der Aussage uneingeschränkt zu, dass die jeweilige Abteilung eine ausreichende Zahl an Mitarbeitern hat, um sich immer bestens um ihre Kunden kümmern zu können. Aber auch der Bereich Aus- und Weiterbildung wird von den Unternehmen scheinbar vernachlässigt: Nur knapp jeder dritte Mitarbeiter an der Kundenfront (32 Prozent) stimmte ohne Wenn und Aber der Aussage zu, dass er seine Fähigkeiten in Bezug auf die Wirkung bei Kunden verbessern konnte. Einen weiteren prüfenden Blick sollten Unternehmen den Anreizsystemen widmen. Lediglich 26 Prozent der Arbeitnehmer vertraten gänzlich die Ansicht, dass sich die Standards, nach denen ihre Leistung gemessen wird, an Kundenbedürfnissen und -erwartungen orientieren.

HÖHERE BINDUNG = GRÖSSERER KUNDENFOKUS

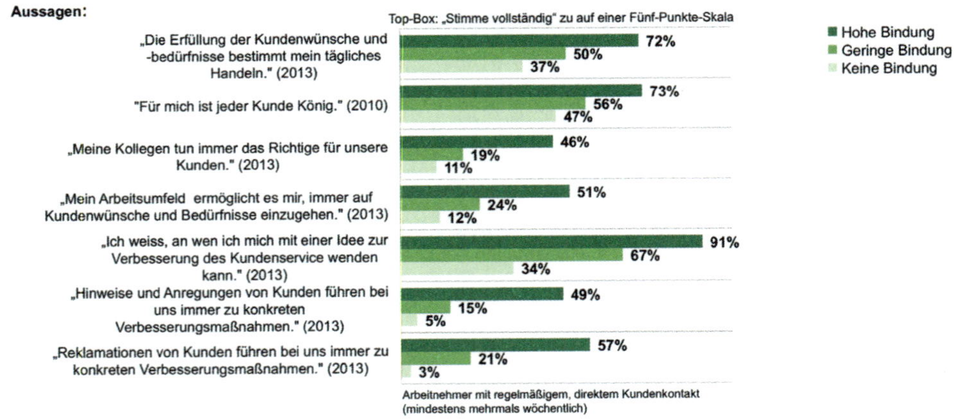

Basis: Arbeitnehmer ab 18 Jahre in der Bundesrepublik Deutschland

ANLAUFSTELLE FÜR VERBESSERUNG DES KUNDENSERVICE ZWAR BEKANNT, ABER KUNDENFEEDBACK HAT GERINGEN STELLENWERT

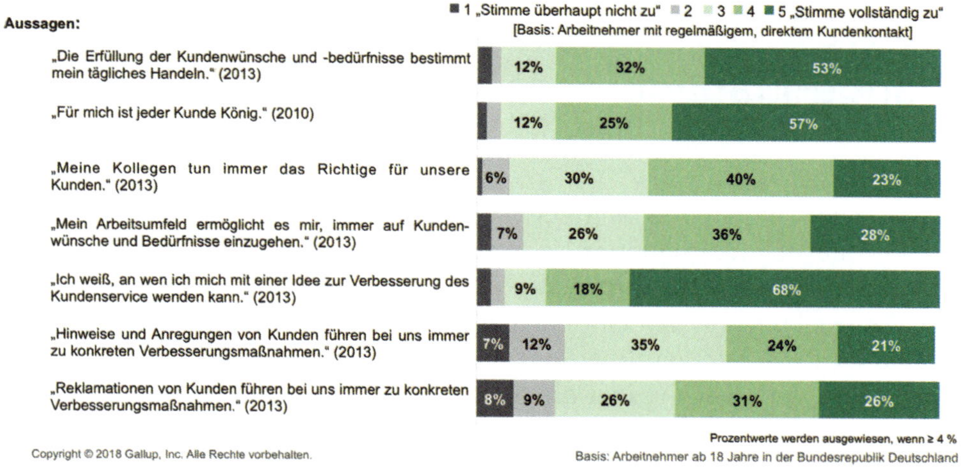

RAHMENBEDINGUNGEN FÜR KUNDENFOKUS VERBESSERUNGSWÜRDIG

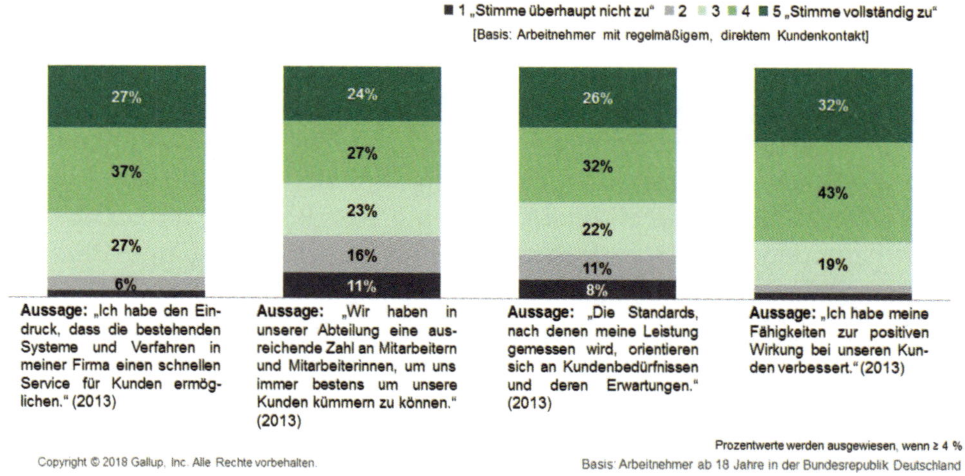

Kapitel 5
Change-Management

Die Zahl ist nicht neu und dennoch topaktuell:[43] 70 Prozent aller Change-Initiativen in Unternehmen scheitern[44] – vielleicht nicht immer auf ganzer Linie, aber zumindest gemessen an ihren ursprünglichen Zielen. Daten zufolge hat sich diese Zahl seit den 1970er-Jahren nicht wesentlich verändert.[45] Was sich jedoch verändert hat, ist der Veränderungsdruck, unter dem Organisationen weltweit stehen. Eine Veränderung jagt die nächste und Unternehmen befinden sich im Zustand ständigen Wandels.

Die Fähigkeit, den Wandel erfolgreich zu gestalten, birgt erhebliche Wettbewerbsvorteile für Organisationen, stellt aber in den meisten Fällen eine große Herausforderung dar. Die Entscheidung, Veränderungen herbeizuführen, wird in der Geschäftsleitung häufig als Folge sich verändernder Rahmenbedingungen getroffen, erfordert aber grundsätzlich die Bereitschaft der Belegschaft, sich zu beteiligen.

Ein guter Indikator für diese Bereitschaft ist der Grad der emotionalen Bindung der Mitarbeiter. Die Parallele zwischen dem Scheitern von Change-Projekten und der seit Jahren mangelnden emotionalen Bindung von Mitarbeitern erschließt sich vielleicht nicht auf den ersten Blick. In Wirklichkeit sind beide Phänomene jedoch zwei Seiten ein und derselben Medaille: Beide sind das Ergebnis schlechter Führung. Eine Führungskraft, die es im Tagesgeschäft nicht schafft, den zentralen Bedürfnissen und Erwartungen von Mitarbeitern am Arbeitsplatz gerecht zu werden und Teammitglieder emotional zu binden, wird sich im Wandel noch schwerer damit tun. Emotional hoch gebundene Mitarbeiter waren, wie aus dem Engagement Index 2014 hervorging, eher bereit, Veränderungen im Unternehmen mitzutragen und zu unterstützen. Vor dem Hintergrund, dass aktuell viele Unternehmen einen Wandel vollziehen, ist dies ein wichtiger Befund: So stimmten 67 Prozent der emotional hoch gebundenen Mitarbeiter – aber nur 24 Prozent derjenigen ohne emotionale Bindung – der Aussage »Ich trage anstehende Veränderungen in meinem Unternehmen grundsätzlich mit« uneingeschränkt zu.

Ob ein Transformationsprozess gelingt oder nicht, ist in hohem Maße davon abhängig, ob Mitarbeiter die Veränderungen motiviert mitgestalten. Allerdings werden Veränderungen nur von wenigen Menschen grundsätzlich freudig begrüßt. Bei den meisten Arbeitnehmern erzeugen Veränderungen zunächst einmal Unsicherheit oder gar Ängste. Unsicherheit, weil die Betroffenen nicht wissen, wie ihr Arbeitsplatz und ihre Aufgaben morgen aussehen werden, Ängste vor Überforderung oder auch vor dem Verlust der eigenen Bedeutung oder gar vor dem Verlust des eigenen Jobs. Eine Umgebung, die Vertrauen schafft und offen ist, kann dabei helfen, den Mitarbeitern diese Unsicherheiten zu nehmen. Besonders emotional hoch gebundene Beschäftigte (98 Prozent) beantworteten die Frage »Schafft Ihr Vorgesetzter stets eine Umgebung, die Vertrauen schafft und offen ist?« mit »Ja«, während lediglich 47 Prozent der emotional nicht gebundenen Mitarbeiter zustimmten.

Gemäß der Prospect Theory ist der Status quo dem Menschen zunächst lieber als der Wandel. Die Angst vor Verlusten führt zur Vermeidung von Veränderungen. Führungskräfte müssen diese negativen Gefühle erkennen und sie ernst nehmen, sonst wird es ihnen nicht gelingen, die Mitarbeiter ins Boot zu holen. Change-Management ist daher in erster Linie das Management menschlicher Emotionen. In der Realität konzentrieren sich viele Führungskräfte jedoch vor allem auf Fakten und sind überrascht, dass die Wahrnehmung der Mitarbeiter eine ganz andere ist.

Hinzu kommt: Wer als Führungskraft nicht hinter der Änderung steht und als Change-Agent fungiert, wird auch seine Mitarbeiter nicht abholen und mitnehmen können. Als Argument für die Verweigerung von Wandel werden meist bisherige Erfolge angeführt, die dann Veränderungen im Keim ersticken. Gerade im Change-Management stimmt der Satz »Perception is Realtity«. Daher ist gutes Change-Management auch »Perception-Management«. Doch nur sechs Prozent der emotional ungebundenen Mitarbeiter bekundeten, dass ihr Vorgesetzter aktiv die Veränderungen unterstützte, die das Team betrafen. Von den emotional Gebundenen berichteten dies hingegen 67 Prozent.

Zum »Perception Management« gehört es auch, Mitarbeiter unbedingt frühzeitig zu informieren, wenn im Betrieb Veränderungen anstehen. 56 Prozent der emotional hoch gebundenen Mitarbeiter, aber nur fünf Prozent der emotional Ungebundenen stimmten der Aussage: »Die Geschäftsführung meines Unternehmens hilft mir zu verstehen, wie aktuelle Veränderungen die Zukunft meines Unternehmens beeinflussen« zu. Ein weiterer Erfolgsfaktor für jedes Change-Projekt ist eine offene, ehrliche und regelmäßige Kommunikation darüber, wo die Reise hingehen soll und über mögliche Auswirkungen der Veränderung für jeden Einzelnen. 66 Prozent der emotional hoch Gebundenen gegenüber nur sieben Prozent der emotional Ungebundenen sagten, dass es in ihrem Unternehmen über alle Ebenen hinweg eine offene Kommunikation gibt.

Unbedingt handeln müssen Führungskräfte, wenn erste Gerüchte über bevorstehende Veränderungen entstehen: Kommunikation lässt sich nicht verhindern – aber sie lässt sich steuern. Eine klare und einfache Sprache sowie eine auf das Individuum und die Zielgruppe abgestimmte Ansprache ist dabei oberstes Gebot. Werden Ziele allzu vage und abgehoben formuliert, fällt es Mitarbeitern schwer, zu folgen.

Ein häufig genanntes Ziel ist die Marktführerschaft in der Kundenzufriedenheit. Wie diese konkret erreicht werden soll, können jedoch viele Führungskräfte nicht aufzeigen. Im schlimmsten Fall scheint ein Ziel von vornherein unerreichbar, weil die Mitarbeiter fehlen, um ein solches Projekt umzusetzen. Das erzeugt Lähmungserscheinungen bei den Betroffenen, weil sie sich für das Vorhaben nicht gut vorbereitet oder betreut fühlen. Umgekehrt funktioniert aber auch eine rein rationale, allzu zahlenbetonte Formulierung von Zielen nicht. Denn sie erklärt weder die Gründe für eine Veränderung noch beantwortet sie die Frage nach dem Beitrag, den die betroffenen Mitarbeiter leisten können.

Im Idealfall werden Mitarbeiter bereits in einem frühen Projektstadium in die Formulierung von Change-Zielen eingebunden. Ein solches Vorgehen hat viele Vorteile: Mitarbeiter fühlen sich ernst genommen und sind eher bereit, Ziele zu unterstützen. Führungskräfte haben die Möglichkeit, Bedenken frühzeitig zu erkennen und rechtzeitig auszuräumen – beispielsweise die Befürchtung von Mitarbeitern, dass die Zunahme der Digitalisierung und technischer Innovationen ihren Arbeitsplatz überflüssig machen könnten. Gleichzeitig können sie diejenigen Mitarbeiter identifizieren, die bereit sind, Veränderungen aktiv voranzutreiben, und sie im weiteren Projektverlauf als »Botschafter des Wandels« einsetzen. Setzen sich Führungskräfte mit ihren Mitarbeitern auseinander, kann ein Change-Prozess also durchaus eine Chance darstellen, die eigenen Teammitglieder emotional enger an das Unternehmen zu binden.

Laut dem zuletzt im Rahmen des Engagement Index 2013 erhobenen Change-Management-Index konnte nur rund jeder zehnte Arbeitnehmer (neun Prozent) in Deutschland jeder der folgenden vier Aussagen uneingeschränkt zustimmen:

- Die Geschäftsführung meines Unternehmens hilft mir zu verstehen, wie aktuelle Veränderungen die Zukunft meines Unternehmens beeinflussen.
- Mein Vorgesetzter unterstützt aktiv die Veränderungen, die unser Team betreffen.
- Wir haben eine offene Kommunikation über alle Ebenen im Unternehmen.
- Ich werde um meine Meinung gefragt, wenn es um Veränderungen geht, die meine Arbeit betreffen.

Wie der Vergleich mit Daten aus dem Engagement Index 2008 zeigt, gelingt es Unternehmen nach wie vor nicht, Mitarbeiter vom Sinn von Veränderungen zu überzeugen und sie »mitzunehmen« (damals stimmte ebenfalls nur jeder zehnte Beschäftigte jeder der obigen vier Aussagen uneingeschränkt zu). Gallups Forschung zeigte, dass herausragende Vorgesetzte in der Lage sind, dies zu tun, indem sie ihre Mitarbeiter emotional überzeugen, und zwar dadurch, dass sie deren Bedürfnisse in den Fokus stellen. Sie interessieren sich für das Individuum hinter der Arbeitskraft, nehmen die Sorgen der Mitarbeiter ernst, zeigen so gut wie möglich die Perspektiven für jeden Einzelnen auf und vereinbaren konkrete und erreichbare Ziele. Sie vermitteln Verlässlichkeit, Klarheit und Orientierung und sorgen für eine offene Kommunikation. Sie informieren regelmäßig über (Teil-)Erfolge im Veränderungsprozess, spornen ihre Mitarbeiter an und honorieren Leistungen. Die Erfahrung zeigt, dass solche Führungskräfte in der Regel sehr gute Chancen darauf haben, dass ihre Mitarbeiter bei Veränderungen nicht nur kritische Zaungäste sind, sondern auch aktive Mitmacher. Denn eine Change-Initiative kann nur dann erfolgreich sein, wenn ein sogenannter Mindset-Change in den Köpfen der Führungskräfte und Mitarbeiter einsetzt. Auf dieser Basis können neue Verhaltensweisen in der Unternehmenskultur verankert werden, was Voraussetzung für eine erfolgreiche Implementierung von Veränderungen ist.

ERFOLGREICHES CHANGE MANAGEMENT IST EINE FRAGE DER FÜHRUNGSKULTUR

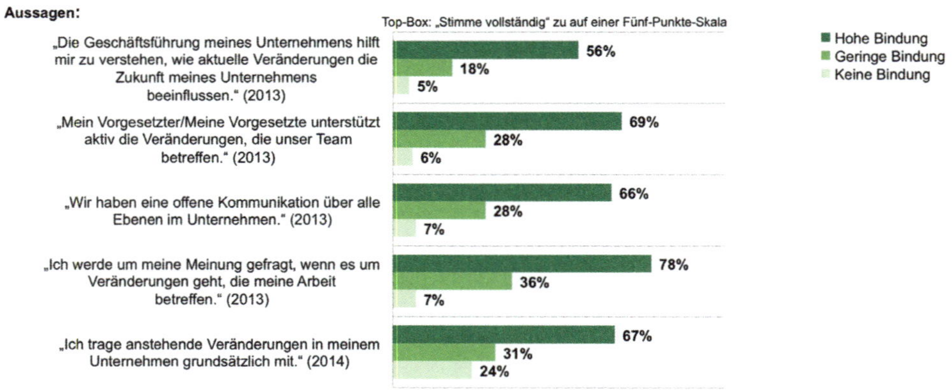

Basis: Arbeitnehmer ab 18 Jahre in der Bundesrepublik Deutschland

CHANGE MANAGEMENT – STATUS QUO

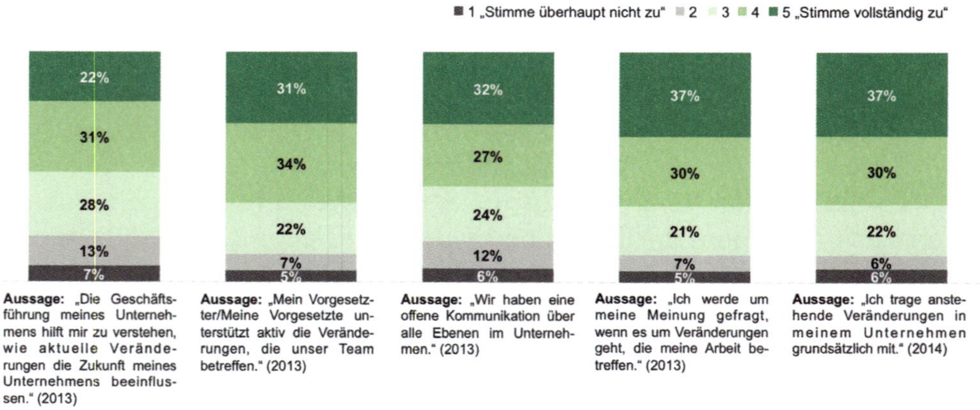

Basis: Arbeitnehmer ab 18 Jahre in der Bundesrepublik Deutschland

Kapitel 6
Digitalisierung und ihre Folgen

Heutzutage erscheint die Digitalisierung omnipräsent und betrifft Menschen in nahezu allen Lebensbereichen, ob durch die Kommunikation (soziale Netzwerke), das Einkaufsverhalten (E-Commerce), das Erledigen von Bankgeschäften (Onlinebanking), Freizeitaktivitäten (Musik und Filme aus der Cloud streamen) oder im Beruf.[46] Technologien wie künstliche Intelligenz, Roboter, Big Data und Algorithmen durchdringen immer mehr den Alltag. Vier von zehn Arbeitnehmern (38 Prozent) berichten im Engagement Index 2018 davon, dass sich bei ihnen im Jahr 2017 Arbeitsmittel und Technik am Arbeitsplatz (Geräte, Arbeits- oder Produktionsprozesse) verändert haben. Danach gefragt, inwieweit sich die Veränderungen in den nächsten zwei bis drei Jahren auf ihre Arbeit und ihr Leben auswirken werden, erwartete die Mehrheit der Beschäftigten bei allen zur Einschätzung vorgelegten Möglichkeiten – Arbeitsplatzverlust, Arbeitsproduktivität, Anforderungen an die Arbeitsleistung, Gesundheitsrisiken, Work-Life-Balance, Qualifikationsanforderungen – im Vergleich zu heute keine größeren Auswirkungen. Am ehesten wurde noch vermutet, dass durch die Veränderungen zukünftig die Anforderungen an die Qualifikation (44 Prozent) zunehmen werden, die Produktivität steigen wird (38 Prozent) und die Erwartungen an die Arbeitsleistung (33 Prozent) höher ausfallen werden.

Die Einschätzung, dass zukünftig die Qualifikationsanforderungen anziehen werden, deutet darauf hin, dass sich Arbeitnehmer durchaus bewusst darüber sind, dass ihre derzeitige Qualifikation und ihr Erfahrungswissen an Bedeutung verlieren werden. Nach Daten von Eurostat hatten sich im Jahr 2016 jedoch nur 37 Prozent der Arbeitnehmer beruflich weitergebildet (die Bandbreite in der EU reicht von 61 bis acht Prozent). Danach gefragt, warum an keiner beruflichen Fortbildung teilgenommen wurde, nannte der Großteil Zeitprobleme (44 Prozent), gefolgt von fehlenden Angeboten durch den Arbeitgeber (14 Prozent) und mangelndem Interesse (14 Prozent).[47] Für Unternehmen bedeutet dies, dass sie stetig die Neugier ihrer Arbeitnehmer fördern und zeitgemäße Lerninhalte vermitteln, aber ihren Mitarbeitern auch Zeit für Weiterbildung einräumen müssen. Die kontinuierliche Auffrischung von berufsrelevantem Wissen wird angesichts seiner kurzen Halbwertszeit an Bedeutung gewinnen. Auch das Lernen neuer Fertig- und Fähigkeiten gilt es zu fördern, um mit neuen Trends und

Themen Schritt halten zu können. Unternehmen müssen das erkennen und konsequent auf die Weiterbildung ihrer Mitarbeiter setzen. Im Jahr 2016 hatten die Unternehmen hierzulande 33,5 Milliarden Euro in ihre Belegschaft investiert – pro Mitarbeiter waren das 1 067 Euro.[48] Allerdings: Nur 35 Prozent der Arbeitnehmer stimmten jüngst der Aussage »Ich habe das nötige Training erhalten, um gute Arbeit leisten zu können« uneingeschränkt zu.

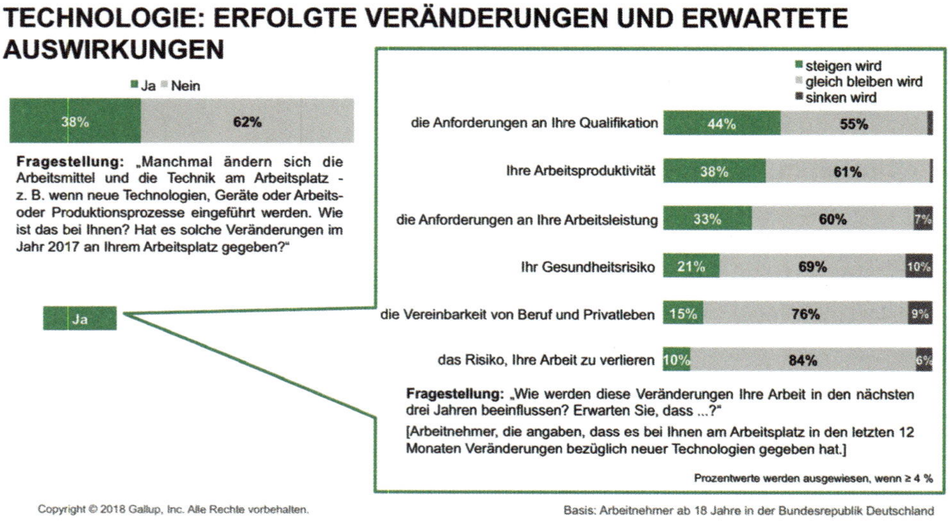

Der bisherige Standard, dass Arbeitnehmer einen Beruf erlernen und diese Tätigkeit ein Leben lang ausüben, dürfte überholt sein. Mehrfach warnten Studien und Umfragen vor dem Verlust von Arbeitsplätzen durch Digitalisierung und Automatisierung. In den kommenden fünf Jahren könnten etwa 3,4 Millionen Stellen wegfallen, meldete die *Frankfurter Allgemeine Zeitung* unter Berufung auf eine Umfrage des IT-Verbands Bitkom unter 500 deutschen Unternehmen.[49] Aus einer PwC-Studie geht hervor, dass 37 Prozent der heutigen Arbeitsplätze ein hohes Risiko haben, bis im Jahr 2035 durch Maschinen ersetzt zu werden.[50]

Ganz anders hingegen das Ergebnis der Studie »Skills Revolution 2.0« des Personaldienstleisters *ManpowerGroup*, für die weltweit 20 000 Arbeitgeber befragt wurden. Das Ergebnis: Roboter übernehmen Aufgaben, keine Arbeitsplätze. In Deutschland planten 91 Prozent der Arbeitgeber, im Zuge der Digitalisierung die Arbeitsplätze stabil zu halten oder zu erhöhen (weltweit: 86 Prozent).[51] Und das Wirtschaftsforschungsinstitut IW kommt zu dem Ergebnis: Stark digitalisierte

Unternehmen hätten ihre Belegschaft häufiger vergrößert als die weniger digitalisierten.[52] Zu dem Schluss, dass Roboter keine Arbeitsplatzkiller sind, kommt auch eine Studie des Düsseldorfer Instituts für Wettbewerbsökonomie. Analysiert wurden die Folgen der Automatisierung auf Arbeitsplätze in Deutschland zwischen den Jahren 1994 und 2014. Grundlage der Untersuchung war ein Datensatz der *International Federation of Robotics* (IFR), der auf Befragungen führender Roboterhersteller basiert und 90 Prozent des Weltmarkts abdeckt. Demnach kamen im Jahr 1994 in Deutschland auf 1 000 Beschäftigte zwei Roboter, im Jahr 2014 waren es bereits 7,6 Roboter. Das sind fast viermal so viele wie in den USA. Parallel dazu wurde das Beschäftigungswachstum untersucht. Die Studie kam zu dem Ergebnis, dass »Horrorszenarien einer unmittelbar bevorstehenden technologischen Arbeitslosigkeit übertrieben sind und einer soliden empirischen Grundlage entbehren«.[53]

Auch ist davon auszugehen, dass der demografische Wandel und Fachkräftemangel ihren Beitrag dazu leisten, dass die Digitalisierung keine Massenarbeitslosigkeit mit sich bringen wird. Denn durch die technologischen Entwicklungen verschwinden nicht nur Arbeitsplätze, sondern es entstehen auch neue.

Bei den Arbeitnehmern in Deutschland nachgefragt, gingen jüngst sieben Prozent davon aus, dass es sehr wahrscheinlich oder ziemlich wahrscheinlich ist, dass die Stelle, die sie derzeit innehaben, innerhalb der nächsten fünf Jahre aufgrund neuer Technologien, Automatisierung, Roboter oder künstlicher Intelligenz gestrichen wird. Die Befürchtung wird vornehmlich von Beschäftigten geäußert, die über eine formale niedrige Bildung verfügen oder als Arbeiter beschäftigt sind. Arbeitnehmer in anderen Ländern sind diesbezüglich deutlich pessimistischer. In den USA gingen im Jahr 2017 13 Prozent der Beschäftigten davon aus, dass es sehr oder ziemlich wahrscheinlich ist, dass sie ihren Job in den nächsten fünf Jahren verlieren werden, weil ihre Arbeit an Technik outgesourct wird.[54] In Großbritannien waren es 2018 ebenfalls 13 Prozent und in Frankreich 18 Prozent.

Als Grund für den Optimismus der Beschäftigten hierzulande lässt sich vermuten, dass Deutschland – gegenüber Großbritannien und Frankreich – zwar ein stark industriell geprägtes Land ist (im Jahr 2015 waren 28 Prozent der Erwerbstätigen in der Industrie tätig; Frankreich: 20 Prozent; Großbritannien: 19 Prozent),[55] aber im internationalen Vergleich bereits heute die mitunter größte Roboterdichte aufweist. Mit 309 Robotern je 10 000 Beschäftigte liegt Deutschland weltweit auf Platz drei hinter Korea (631 Einheiten) und Singapur (488 Einheiten). Die USA belegen weltweit den siebten Platz (189 Einheiten), Frankreich liegt auf Platz 18 (132 Einheiten) und Großbritannien hat Platz 22

(71 Einheiten) inne. Als einziges G7-Land hat Großbritannien eine Roboterdichte unter dem Weltdurchschnitt (74 Einheiten).[56] Hinzu kommt, dass die Unternehmen hierzulande aufgrund der dualen Ausbildung (im Schnitt vier Tage Praxiserfahrung im Betrieb und einen Tag Berufsschule) über eine im Vergleich zu vielen anderen Ländern (Ausbildung ausschließlich in der Berufsschule) hervorragend ausgebildete Belegschaft verfügt. Die Organisation für wirtschaftliche Zusammenarbeit und Entwicklung (OECD) hält dazu fest: »Langzeituntersuchungen zeigen, dass Menschen mit dieser Ausbildung auf dem Arbeitsmarkt erfolgreicher sind als Menschen, die ihren Beruf nur in einer Berufsschule gelernt haben«.[57] Es lässt sich vermuten, dass der gute Ausbildungsstand dazu beitragen wird, dass der heimische Arbeitsmarkt sich relativ gut den Veränderungen anpassen kann. Für Unternehmen bedeutet dies, darauf aufzubauen und jetzt zu »schulen«. Und: Qualifizierte Tätigkeiten fallen Rationalisierungsmaßnahmen in der Regel nicht so schnell zum Opfer wie Tätigkeiten von Ungelernten. Dennoch befindet sich die Arbeitswelt in einer Experimentierphase und die Zukunft ist trotz aller Forschungsbemühungen und Vorhersagen nur mit Vorsicht zu prognostizieren.

TECHNOLOGIE UND ARBEITSPLATZVERLUST

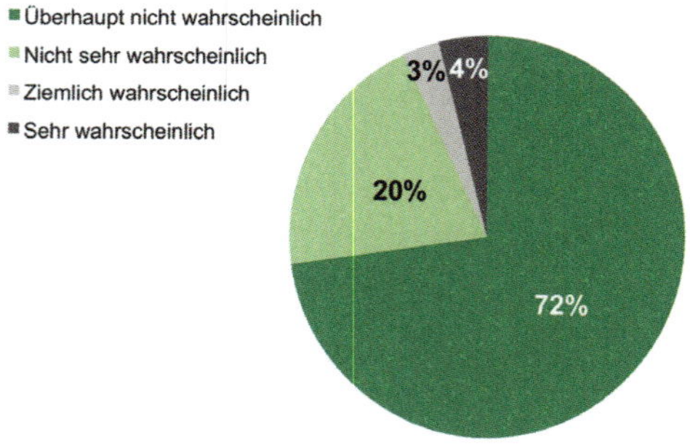

Fragestellung: „Wie wahrscheinlich ist es, dass die Stelle, die Sie derzeit innehaben, innerhalb der nächsten fünf Jahre aufgrund neuer Technologien, Automatisierung, Roboter oder künstliche Intelligenz gestrichen wird?"

Basis: Arbeitnehmer ab 18 Jahre in der Bundesrepublik Deutschland

Kapitel 7
Wunsch und Wirklichkeit

Was erwarten Arbeitnehmer grundsätzlich von Unternehmen und wie gut werden diese Erwartungen erfüllt? Im Rahmen einer qualitativen Vorstudie wurden 19 Aspekte ermittelt, die dann in den Fragebogen des Engagement Index 2016 eingingen.[58] Innerhalb dessen wurden Arbeitnehmer zunächst befragt, wie wichtig ihnen jeder einzelne dieser Aspekte ist.[59] Anschließend sollten die Befragten ihre Zufriedenheit mit jedem Aspekt angeben.[60]

Dabei zeigte sich, dass kein Aspekt den Arbeitnehmern wichtiger war als die Sicherheit ihres Arbeitsplatzes. In Zeiten niedriger Arbeitslosigkeit und robuster Konjunktur ist dies ein bemerkenswertes Ergebnis. Trotz positiver Bewertung der ökonomischen Lage und Aussichten (vgl. Kapitel 1) war das Bedürfnis nach Stabilität insgesamt sehr ausgeprägt. Ebenso wichtig war den Beschäftigten die Vereinbarkeit von Arbeit, Familie und Freizeit und damit verbunden ihr persönliches Wohlbefinden. Sodann folgte die Möglichkeit, die eigenen Fähig- und Fertigkeiten einbringen zu können, sprich: das zu tun, was man richtig gut kann. Weitere Kriterien waren ein gutes kollegiales Umfeld, eine hervorragende Führungskraft, die Anzahl der Urlaubstage, eine herausfordernde, abwechslungsreiche Tätigkeit, Flexibilität bei der Arbeitszeit sowie Arbeitsautonomie in Form von Freiheiten und Gestaltungsspielräumen. Erst dann folgte das Gehalt. Schlusslichter im Wichtigkeitsranking waren: Angebote zur Gesundheitsförderung, die Möglichkeit, Führungsverantwortung zu übernehmen, und Angebote zur Kinderbetreuung.

Die Vermutung liegt nahe, dass der geringe Stellenwert von Kinderbetreuungsangeboten darauf zurückgeht, dass die Thematik nicht für alle Arbeitnehmer gleichermaßen relevant ist. Von den Interviewten gaben zwei Drittel (67 Prozent) an, dass in ihrem Haushalt kein Kind beziehungsweise keine Kinder unter 16 Jahren lebten. Beschäftigte mit Nachwuchs unter 16 Jahren erachteten Betreuungsangebote für den Nachwuchs für deutlich wichtiger als Kinderlose (3,33 zu 2,90), aber auch bei ihnen rangierten Angebote zur Kinderbetreuung im Wichtigkeitsranking auf dem letzten Platz. Dabei dürfte eine Rolle spielen, dass Unternehmen beim Kinderbetreuungsangebot aus Sicht der Befragten nur begrenzte Möglichkeiten haben und dies eher als Aufgabe der Politik gesehen wird (Ganztagsschulen, Krippenplätze, Betreuungsangebote).

Am weitesten auseinander lagen Wunsch und Wirklichkeit bei der Vereinbarkeit von Arbeits- und Privatleben beziehungsweise dem damit verbundenen persönlichen Wohlbefinden, gefolgt von der Führungskraft und dem Gehalt.

Die Vereinbarkeit von Arbeit, Familie und Freizeit beziehungsweise das persönliche Wohlbefinden erreichte bei der Wichtigkeit einen Wert von 4,52, doch die Zufriedenheit nur einen Wert von 3,85. Frauen war der Aspekt der Vereinbarkeit von Berufs- und Privatleben deutlich wichtiger als Männern (4,68 zu 4,36). Die Zufriedenheit mit der Work-Life-Balance lag bei Frauen deutlich höher als bei den männlichen Befragten (3,99 zu 3,70). Der Grund hierfür könnte sein, dass fast jede zweite Frau in Teilzeit arbeitete (48 Prozent; Männer: elf Prozent) und Teilzeitkräfte tendenziell zufriedener mit der Vereinbarkeit von Beruf und Familie waren als Vollzeitbeschäftigte.

Bei der Work-Life-Balance hat sich in den letzten zehn Jahren (2005 zu 2016) durchaus etwas getan. Wie in Kapitel 8 noch ausführlicher behandelt wird, deuten die Daten darauf hin, dass Arbeitnehmer Beruf und Privatleben heute besser miteinander vereinbaren können, als dies in der Vergangenheit der Fall war.

Die zweitgrößte Lücke zwischen Wunsch und Wirklichkeit klaffte beim Aspekt »Führungskraft«. Sie erreichte bei der Wichtigkeit einen Wert von 4,35, bei der Zufriedenheit hingegen nur einen Wert von 3,77. Führungskräfte sind sich dessen vermutlich nicht bewusst, denn Selbst- und Fremdbild gehen deutlich auseinander. Nahezu alle befragten Führungskräfte hielten sich im Jahr 2016 für eine gute Führungskraft (97 Prozent).

Für Frauen hatte die Führungskraft eine größere Relevanz als für Männer (4,46 zu 4,22) und weibliche Befragte waren mit ihrer Führungskraft auch deutlich zufriedener als männliche Interviewpartner (3,90 zu 3,60). Frauen berichteten deutlich häufiger davon, eine weibliche Führungskraft zu haben, als Männer (40 Prozent zu 15 Prozent). Allerdings zeigte sich kein statistisch signifikanter Zufriedenheitsunterschied zwischen Frauen mit einer weiblichen oder einer männlichen Führungskraft. Demnach geht die höhere Zufriedenheit von Frauen mit ihrer Führungskraft nicht auf das Geschlecht dieser zurück.

Die drittgrößte Lücke zwischen Wunsch und Wirklichkeit zeigte sich beim Gehalt – während die Wichtigkeit bei 4,12 lag, erreichte die Zufriedenheit einen Wert von 3,56. Doch wie in Kapitel 1 dargelegt, erachtete die Mehrheit der Beschäftigten die Entlohnung für die geleistete Arbeit als fair und angemessen. Zum Zeitpunkt der Datenerhebung für dieses Kapitel (2016) erklärten sogar neun von zehn Arbeitnehmern, (87 Prozent), dass sie mit ihrem Lebensstandard, also mit den Dingen, die sie kaufen und tun können, zufrieden waren. Die empfundene Lücke bei der Entlohnung deutet darauf hin, dass das Gehalt in einer nicht sehr objektiven Art und Weise beurteilt wird. Arbeitnehmer sind grundsätzlich der Auffassung, dass sie mehr verdienen müssten, als sie es tatsächlich tun, und zwar über alle Einkommensklassen hinweg.

Insgesamt war den weiblichen Arbeitnehmern das Gehalt tendenziell wichtiger als männlichen Beschäftigten (4,19 zu 4,06). Eine Aufschlüsselung der Daten nach ausschließlich Vollzeitbeschäftigten zeigte, dass die Entlohnung für Frauen im Vergleich zu Männern einen noch höheren Stellenwert hat (4,28 zu 4,01). Die Zufriedenheit mit der Vergütung fiel bei Frauen gegenüber Männern tendenziell geringer aus (3,52 zu 3,61), was insbesondere auf die größere Unzufriedenheit von teilzeitbeschäftigten Frauen gegenüber weiblichen Vollzeitbeschäftigten zurückgeführt werden konnte (3,36 zu 3,66). Vor dem Hintergrund, dass die Lücke bei der Entlohnung von Männern und Frauen in den letzten 15 Jahren (durchschnittlicher Bruttomonatsverdienst von Vollzeitbeschäftigten) zwar kleiner wurde (minus 4,9 Prozentpunkte), aber zuletzt (2016) immer noch bei 16,4 Prozent lag,[61] war der Umfragebefund alles in allem wenig überraschend.

Die Vergütung ist grundsätzlich ein wichtiger Faktor, aber sie hat eine geringere Bedeutung, als man ihr im Allgemeinen beimisst. Allein durch die Bezahlung lassen sich Mitarbeiter nicht motivieren. Im Rahmen des Engagement Index 2015 ließ sich beim Grad der emotionalen Bindung, die für die Motivation bei der Arbeit ausschlaggebend ist, kein signifikanter Unterschied zwischen verschiedenen Gehaltsklassen feststellen. Monetäres wirkt in der Regel nur kurzfristig motivierend, denn unsere Psyche ist ein Anpassungsmeister. Die Freude über ein höheres Gehalt und die damit verbundene Motivation ist nach einigen wenigen Wochen verflogen. Natürlich muss die Bezahlung stimmen. Eine nicht wettbewerbsfähige Entlohnung wirkt sich nachteilig auf die Arbeitgeberattraktivität eines Unternehmens aus. Dementsprechend wird es diesen Unternehmen nicht gelingen, die besten Köpfe zu gewinnen und auf Dauer zu halten.

Geld alleine macht allerdings nicht glücklich. Eine Studie der Nobelpreisträger Daniel Kahneman und Angus Deaton zeigte, dass emotionales Wohlbefinden nur in begrenztem Umfang »gekauft« werden kann. Die Forscher definierten emotionales Wohlbefinden in ihrer Forschung als aktuelles Wohlbefinden (wie fühle ich mich im Hier und Jetzt?). Bis zu einem Haushaltseinkommen von etwa 75 000 Dollar (umgerechnet 60 000 Euro) stieg das Wohlbefinden mit zunehmendem Einkommen. Jenseits dieser Grenze hatte zusätzliches Einkommen keinen weiteren Effekt auf das emotionale Wohlbefinden.[62] In Deutschland lag das jährliche Haushaltsbruttoeinkommen im Jahr 2016 bei durchschnittlich 52 044 Euro.[63] Von der magischen Grenze von 60 000 Euro ist der Schnitt der Beschäftigten hierzulande nicht sonderlich weit entfernt.

Ebenso wie das Gehalt erwiesen sich im Engagement Index 2016 auch die Faktoren Arbeitsplatzsicherheit, Sozialleistungen, flexible Arbeitszeiten oder die Zahl der Urlaubstage für die emotionale Bindung als weniger bedeutsam. Wesentlich relevanter war beispielsweise »die Möglichkeit, das zu tun, was man richtig gut kann«. Dieser Aspekt stellte sich als fünfmal wichtiger als die Entlohnung heraus. Großen Einfluss auf die emotionale Bindung hatten auch Führungsqualität, eine »herausfordernde und abwechslungsreiche Tätigkeit«, die Beziehung zu den Kollegen oder die Sinnhaftigkeit der Arbeit – allesamt Aspekte, die maßgeblich im Einflussbereich der Führungskraft liegen beziehungsweise von ihrem Verhalten geprägt werden.

WAS ARBEITNEHMER VON UNTERNEHMEN ERWARTEN UND WO WUNSCH UND WIRKLICHKEIT AUSEINANDERKLAFFEN

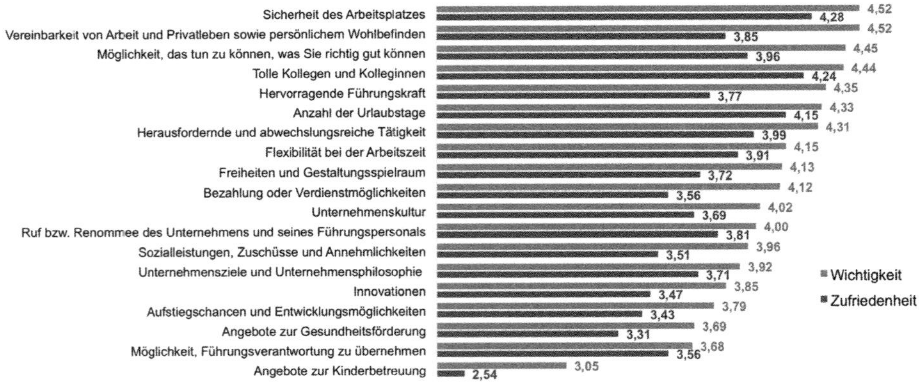

Gefragt wurde nach der Bewertung der Wichtigkeit und der Zufriedenheit von 19 Aspekten auf einer Skala von 1 „Überhaupt nicht wichtig/Überhaupt nicht zufrieden", bis 5 „Äußerst wichtig/Äußerst zufrieden".

Basis: Arbeitnehmer ab 18 Jahre in der Bundesrepublik Deutschland

WUNSCH UND WIRKLICHKEIT LIEGEN AM WEITESTEN AUSEINANDER BEI: WORK-LIFE-BALANCE, FÜHRUNGSQUALITÄT UND BEZAHLUNG

Basis: Arbeitnehmer ab 18 Jahre in der Bundesrepublik Deutschland

AN DIESEN HEBELN SOLLTEN UNTERNEHMEN ANSETZEN

Die 5 wichtigsten Faktoren für emotionale Bindung …

1 Möglichkeit, das tun zu können, was man richtig gut kann

2 Führungskraft

3 Herausfordernde und abwechslungsreiche Tätigkeit

4 Kollegen und Kolleginnen

5 Unternehmensziele/Unternehmensphilosophie

Die 5 Faktoren mit der geringsten Relevanz für emotionale Bindung …

19 Anzahl der Urlaubstage

18 Bezahlung/Verdienstmöglichkeiten

17 Angebote zur Kinderbetreuung

16 Sozialleistungen/Zuschüsse/Annehmlichkeiten

15 Sicherheit des Arbeitsplatzes

Basis: Arbeitnehmer ab 18 Jahre in der Bundesrepublik Deutschland

Kapitel 8
Vorsicht, Burn-out!

Wenn das Arbeitsumfeld nicht stimmt, kann dies gravierende Auswirkungen auf die psychische und physische Gesundheit der Beschäftigten haben. Bedenklich ist, dass Arbeitshetze für einen nicht unerheblichen Teil der Beschäftigten hierzulande zum Alltag gehört: Bei unserer Erhebung im Jahr 2012 stimmte ein knappes Fünftel der Arbeitnehmer (18 Prozent) vollständig der Aussage zu, dass sie sich bei ihrer Arbeit oft gehetzt fühlen. Fast ein Viertel (24 Prozent) gab an, dass vom Arbeitgeber erwartet wird, in gleicher Arbeitszeit mehr zu leisten. Vor allem Arbeitnehmer in der Altersgruppe zwischen 35 und 54 Jahren sahen sich einer größeren Arbeitsintensivierung und Leistungsverdichtung ausgesetzt. Sie befinden sich auf der sprichwörtlichen Autobahn des Lebens, müssen neben den beruflichen Aufgaben und Anforderungen ihre Karriere vorantreiben und zumeist auch gleichzeitig Familie und »Nestbau« stemmen.

Stress macht krank. Zahlreiche Studien von Krankenkassen – vom Fehlzeitenreport der AOK bis zur Stress-Studie der Techniker Krankenkasse – belegen dies. Im Engagement Index 2015 gab jeder dritte Arbeitnehmer (31 Prozent) an, dass er sich am Tag vor der Befragung gestresst fühlte. Jeder vierte Beschäftigte (24 Prozent) sprach gar von Erschöpfung und einem Gefühl des »Ausgebranntseins«.

Die Zahlen verdeutlichen, dass die Anzahl der Burn-out-gefährdeten Mitarbeiter hierzulande hoch ist. Jeder vierte Arbeitnehmer (26 Prozent) gab in unserer jüngsten Befragung (2018) an, er hätte in den zurückliegenden 30 Tagen das Gefühl gehabt, aufgrund von Arbeitsstress innerlich ausgebrannt zu sein. Die gute Nachricht: In der Vergangenheit berichtete noch jeder dritte Beschäftigte (33 Prozent) von diesem Zustand.

Im Jahr 2015 wurden Arbeitnehmer danach gefragt, ob sie in den letzten zwölf Monaten seelische Beschwerden wie Burn-out, Depressionen oder Angststörungen hatten, was zwölf Prozent bejahten. Es zeigte sich, dass der Anteil der »Ja«-Antworten mit steigender emotionaler Bindung abnahm (keine Bindung: 27 Prozent; geringe Bindung: elf Prozent; hohe Bindung: sieben Prozent). Auch

Personen, die im Rahmen der jüngsten Befragung (2018) von einem Erschöpfungszustand berichteten, fanden sich häufiger in der Gruppe derer, die keine emotionale Bindung an ihr Unternehmen aufwiesen (47 Prozent) und seltener in der Gruppe derer, die über eine hohe emotionale Bindung an ihr Unternehmen verfügten (zehn Prozent).

Je länger die wöchentliche Arbeitszeit, desto eher besteht Burn-out-Gefahr: Eine typische Arbeitswoche hierzulande hatte im Durchschnitt 36,3 Stunden, wie der Engagement Index 2018 zeigte. Die größte Gruppe von Beschäftigten (36 Prozent) hatte eine Arbeitswoche mit 35 bis 40 Stunden. 16 Prozent der Arbeitnehmer arbeiteten 41 bis 47 Stunden, 14 Prozent der Beschäftigten verbrachten 48 Stunden und länger pro Woche mit Arbeit und gehörten damit der Gruppe der sogenannten Vielarbeiter an. 34 Prozent der Arbeitnehmer arbeiteten unter 35 Stunden wöchentlich, wobei knapp die Hälfte von ihnen (47 Prozent) 20 oder weniger Wochenstunden arbeitete. Vollzeitbeschäftigte arbeiteten im Schnitt 42,2 Wochenstunden, Teilzeitbeschäftigte im Durchschnitt 21,6 Stunden. Während 22 Prozent der Beschäftigten, die im Schnitt bis zu 40 Stunden pro Woche arbeiteten, vom Gefühl des Ausgebranntseins durch Arbeitsstress berichteten, sagten dies 37 Prozent der Arbeitnehmer, die im Schnitt 48 Wochenstunden und länger arbeiteten. Es macht also einen erheblichen Unterschied, ob jemand 40 Stunden in der Woche arbeitet oder über 48 Stunden.

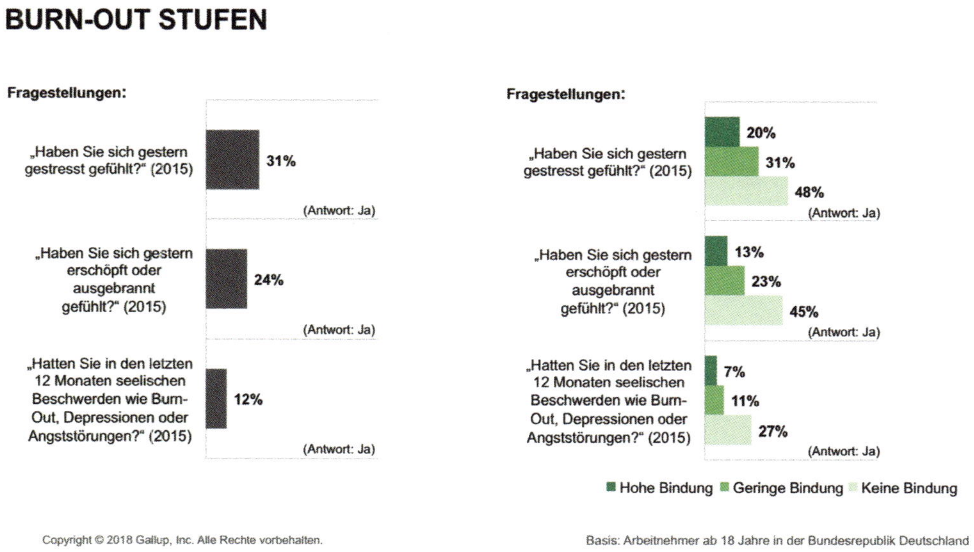

GEFÜHL DES AUSGEBRANNTSEINS

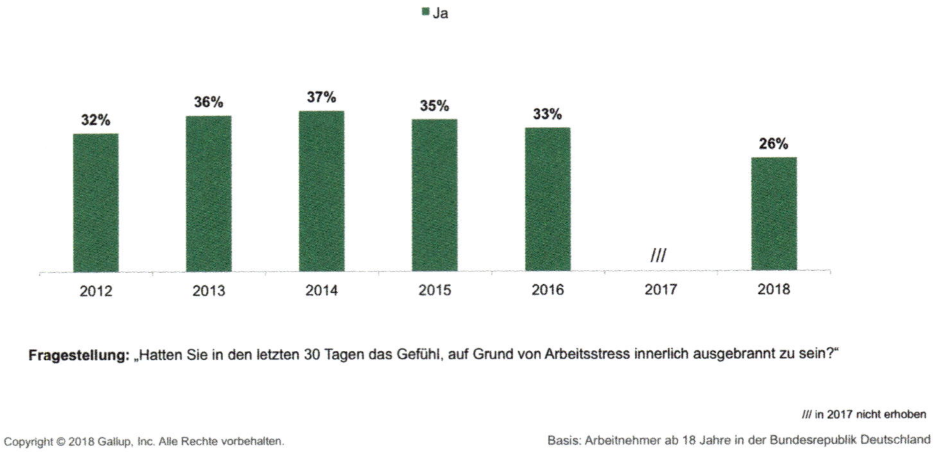

STRESS UND BURN-OUT

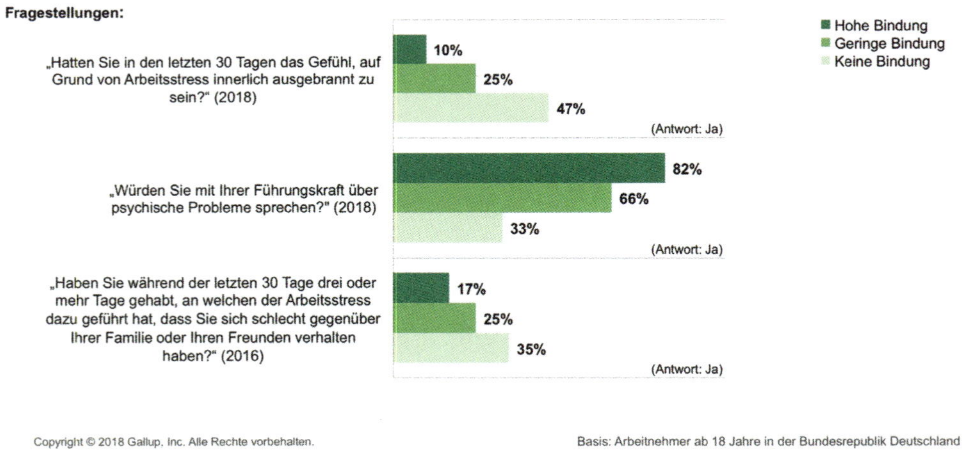

Grundsätzlich würden zwei Drittel der Arbeitnehmer (64 Prozent) hierzulande mit ihrer Führungskraft über psychische Probleme sprechen, wie aus dem Engagement Index 2018 hervorging. Dies deutet darauf hin, dass seelische Erkrankungen kein Tabuthema am Arbeitsplatz zu sein scheinen, wozu die öffentliche Diskussion über Burn-out und Depressionen in den letzten Jahren ihren Beitrag geleistet haben dürfte. Jedoch: Die Offenheit der Beschäftigten, mit ihrem Vorgesetzten über seelische Probleme zu sprechen, nahm mit ansteigender emotionaler Bindung zu (Anteil der »Ja«-Antworten: keine Bindung: 33 Prozent; geringe Bindung: 66 Prozent; hohe Bindung: 82 Prozent). Dies zeigt, dass die erlebte Führung nicht nur Einfluss darauf hat, wie sich Arbeitnehmer fühlen, sondern auch darauf, wie sie sich verhalten. Der Führungskraft kommt damit eine wichtige Funktion zu.

Die Führungskraft kann einem Burn-out der Mitarbeiter vorbeugen

Im Rahmen des Engagement Index wurde im Jahr 2015 der Frage nachgegangen, wie sich das Gefühl des innerlich Ausgebranntseins möglichst vermeiden lässt. Hierzu wurden die Ergebnisse der Jahre 2012 bis 2014 aggregiert. Dabei zeigte sich, dass sich das Gefühl des innerlichen Ausgebranntseins durch drei Aspekte am Arbeitsplatz minimieren lässt:

- Die Leistung des Mitarbeiters durch regelmäßiges Lob und Anerkennung für gute Arbeit würdigen. Wertschätzung muss ein selbstverständliches Führungswerkzeug sein. Das bedeutet nicht, die »Schulterklopfmaschine« anzuschmeißen. Vielmehr geht es darum, positives Feedback zeitnah an ein bestimmtes Ereignis zu binden, es zu begründen, konkret zu machen und ernst zu meinen.

- Effizientes und effektives Arbeiten ermöglichen und die Erreichung der Ziele des Mitarbeiters nicht behindern. Hierbei geht es darum, die Voraussetzungen für das störungsfreie Erledigen der Aufgaben zu schaffen. Der Mitarbeiter muss Bedingungen vorfinden, die die Arbeit nicht erschweren. Dazu gehören: Das Vorhandensein von Arbeitsmitteln und Tools, guter Informationsfluss und Zusammenarbeit, Klarheit bei Arbeitsaufträgen und Verantwortlichkeiten, die Vermeidung von Bürokratie oder unnötigen Tätigkeiten, ausreichende Ressourcen wie Personaldecke und Budget sowie genügend Unterstützung seitens der Führungskräfte.

- Mitarbeitern Gehör schenken, sie einbeziehen und an Entscheidungen beteiligen, die ihre Arbeit betreffen. Grundsätzlich gilt: Mitarbeiter wollen Arbeit mitgestalten. Sie müssen das Gefühl haben, dass ihre Meinungen eine Rolle spielen, denn wer nicht eingebunden wird, fühlt sich übergangen und entmündigt.

Je mehr dieser drei Kriterien erfüllt sind – also Wertschätzung für gute Arbeit, störungsfreie Erledigung der Arbeit und das Gefühl des Eingebundenseins –, desto seltener entsteht das Gefühl des innerlichen Ausgebranntseins. 57 Prozent der Befragten, die alle drei Kriterien in ihrem Arbeitsumfeld kritisch bewerteten (Bewertung mit 1, 2 oder 3 auf einer Fünf-Punkte-Skala), hatten in den zurückliegenden 30 Tagen das Gefühl aufgrund von Arbeitsstress innerlich ausgebrannt gewesen zu sein. Hingegen bejahten nur 24 Prozent der Befragten, die alle drei Kriterien positiv bewerteten (Bewertung mit 5 oder 4 auf einer Fünf-Punkte-Skala), die Frage nach dem Gefühl des Ausgebranntseins in den vergangenen 30 Tagen (Tabelle 1).

Tabelle 1

	Ja	Nein
Insgesamt	34 Prozent	66 Prozent
Keine kritische Bewertung bei den drei Aspekten (Bewertung mit »4« oder »5«)	24 Prozent	76 Prozent
Bewertung mit »1«, »2« oder »3« bei einem der drei Aspekte	35 Prozent	65 Prozent
Bewertung mit »1«, »2« oder »3«bei zwei der drei Aspekte	46 Prozent	54 Prozent
Bewertung mit »1«, »2« oder »3« bei allen drei Aspekten	57 Prozent	43 Prozent

Fragestellung: »Hatten Sie in den letzten 30 Tagen das Gefühl, aufgrund von Arbeitsstress innerlich ausgebrannt zu sein?« (2012, 2013, 2014)

Die stärksten Verhinderer des Ausgebrannt-Fühlens: 1.) Wertschätzung für gute Arbeit; 2.) Vorhandensein dessen, was effizientes und effektives Arbeiten ermöglicht; 3.) Gefühl des Eingebundenseins

Basis: Arbeitnehmer ab 18 Jahre in der Bundesrepublik Deutschland

Stress hat nicht nur auf Mitarbeiter negative Auswirkungen, sondern geht auch mit erheblichen Folgekosten für die Unternehmen einher. Die Fehltage aufgrund von Krankheit oder Unwohlsein sprechen eine deutliche Sprache. Arbeitnehmer, die die genannten drei Kriterien in ihrem Arbeitsumfeld negativ bewerteten, fehlten im Analysezeitraum im Schnitt 4,7 Tage länger als ihre Kollegen, die alle drei Punkte am Arbeitsplatz vorfanden (11 gegenüber 6,3 Tagen) (Tabelle 2).

Tabelle 2

	Fehlzeit aufgrund von Krankheit oder Unwohlsein
Keine kritische Bewertung bei den drei Aspekten (Bewertung mit »4« oder »5«)	6,3 Tage
Bewertung mit »1«, »2« oder »3«bei allen drei Aspekten	11,0 Tage

Basis: Arbeitnehmer ab 18 Jahre in der Bundesrepublik Deutschland

Darüber hinaus führt Stress auch zu negativem Verhalten gegenüber dem sozialen Umfeld – denn die wenigsten geben ihren »Stress« zum Feierabend am Empfang oder Werkstor ab: 25 Prozent der Mitarbeiter hatten 2016 angegeben, sich während der letzten 30 Tage an drei oder mehr Tagen aufgrund von Arbeitsstress schlecht gegenüber ihrer Familie oder ihren Freunden verhalten zu haben (2008: 25 Prozent; 2010: 27 Prozent). Emotional ungebundene Mitarbeiter waren mit 35 Prozent besonders stark betroffen. Zum Vergleich: Bei den emotional hoch gebundenen Mitarbeitern war dies nur bei 17 Prozent der Fall.

Wenn der Job belastender ist als die Arbeitslosigkeit

Die hohe Bedeutung von Arbeit für unser Wohlbefinden wurde schon in der berühmten Marienthal-Studie belegt.[64] Diese untersuchte in den 1930er-Jahren die Folgen der Arbeitslosigkeit während der Weltwirtschaftskrise. Nachdem eine Textilfabrik im österreichischen Marienthal schließen musste, traf die Arbeitslosigkeit fast alle Familien im Ort. Die Energie und Vitalität der Menschen ging verloren. Die Arbeitslosigkeit führte zu innerer Leere und Vernachlässigung. Beispielsweise verwilderte der Park, obwohl genügend Zeit zur Pflege vorhanden gewesen wäre. In der (kostenlosen) Bücherei wurden kaum noch Bücher ausgeliehen, da die Menschen andere Sorgen hatten. Die Studie zeigte: Vor allem das Gefühl des Nichtgebrauchtwerdens setzt dem Individuum zu. Trotz finanzieller Beihilfen wird Arbeitslosigkeit als unerträglicher Zustand empfunden.

Ein im Rahmen unserer Studie überraschender und besorgniserregender Befund betraf das Wohlbefinden von Mitarbeitern ohne emotionale Bindung im Vergleich zu Arbeitslosen. Mitunter fühlten sich Arbeitnehmer, die zwar physisch noch im Job sind, innerlich aber schon gekündigt haben, genauso schlecht wie Menschen ohne Arbeit. Im Jahr 2012 sollten beide Gruppen ihr derzeitiges Leben bewerten sowie eine Prognose für die Zeit in fünf Jahren abgeben. Basierend auf den Antworten wurden die Befragten in eine der drei Kategorien eingeordnet: »zufrieden und zuversichtlich«, »wenig zufrieden und unsicher« oder »unzufrieden und sorgenvoll«.

32 Prozent der Arbeitslosen zeigten sich mit ihrer aktuellen Lebenssituation zufrieden und blickten zuversichtlich in die Zukunft. Unter den Menschen, die zwar einen Job hatten, aber emotional nicht an ihren Arbeitgeber gebunden waren, war dies bei 31 Prozent der Fall. Deutlich besser ging es hingegen Arbeitnehmern mit hoher emotionaler Bindung an ihren Arbeitgeber: 62 Prozent von ihnen fühlten sich »zufrieden und zuversichtlich« (Tabelle 3).

Arbeitnehmer, die sich emotional nicht an ihren Arbeitgeber gebunden fühlten, berichteten häufiger als Arbeitslose, dass sie am Vortag negative Gefühle wie Sorgen, Traurigkeit, Stress oder Wut empfunden hätten (Tabelle 3). Umgekehrt gaben 84 Prozent der Arbeitslosen, aber nur 77 Prozent der Beschäftigten ohne emotionale Bindung an den Arbeitgeber an, sie hätten am Vortag Glück empfunden. In Bezug auf positive Gefühle wie Freude (79 Prozent zu 64 Prozent) und auf die Frage, ob sie am Vortag viel gelacht beziehungsweise gelächelt hätten (78 Prozent zu 63 Prozent), ergab sich ein ähnliches Bild (Tabelle 3). Kurzum: Die Ergebnisse zeigten, dass schlechte Führung uns sogar mehr belastet als Arbeitslosigkeit. Im Gegensatz dazu wurde auch deutlich, dass Arbeitnehmer mit einer hohen emotionalen Bindung über alle Kategorien hinweg am häufigsten positive und gleichzeitig am seltensten negative Erlebnisse verspürten.

Tabelle 3

	Hohe Bindung	Geringe Bindung	Keine Bindung	Arbeitslos
Zufrieden und zuversichtlich	62 Prozent	52 Prozent	31 Prozent	32 Prozent
Positive Erlebnisse (Antwort mit »Ja«)				
Gut erholt gefühlt*	81 Prozent	72 Prozent	57 Prozent	81 Prozent
Respektvoll behandelt*	98 Prozent	96 Prozent	85 Prozent	95 Prozent
Viel gelacht/gelächelt*	91 Prozent	81 Prozent	63 Prozent	78 Prozent
Etwas Interessantes gemacht/gelernt*	64 Prozent	54 Prozent	45 Prozent	52 Prozent
Freude**	91 Prozent	81 Prozent	64 Prozent	79 Prozent
Glück**	96 Prozent	89 Prozent	77 Prozent	84 Prozent
Negative Erlebnisse (Antwort mit »Ja«)				
Sorgen**	13 Prozent	22 Prozent	36 Prozent	30 Prozent
Traurigkeit**	8 Prozent	12 Prozent	21 Prozent	19 Prozent
Stress**	24 Prozent	28 Prozent	39 Prozent	29 Prozent
Wut**	7 Prozent	11 Prozent	19 Prozent	14 Prozent

Angepasst zur Kontrolle von Geschlecht, Alter, Einkommen, formaler Bildung und Familienstand

* Aufgabenstellung: »Denken Sie nun bitte einmal an gestern, vom Morgen bis zum Ende des Tages. Denken Sie daran, wo Sie waren, was Sie getan haben, mit wem Sie zusammen waren und wie Sie sich gefühlt haben …« (2012)

** Fragestellung: »Haben Sie gestern die folgenden Gefühle häufig gefühlt? Wie sieht es aus mit …?« (2012)

Basis: Arbeitnehmer ab 18 Jahre in der Bundesrepublik Deutschland

Wohlbefinden auf der Unternehmensagenda

Das allgemeine Wohlbefinden der Mitarbeiter (Well-Being) besitzt mittlerweile einen deutlich größeren Stellenwert für Unternehmen, als dies in der Vergangenheit der Fall war. Ein Drittel der Beschäftigten (35 Prozent) stimmte im Jahr 2018 ohne Wenn und Aber der Aussage zu, dass ihr Arbeitgeber Interesse an ihrem allgemeinen Wohlbefinden zeigte – dies sind deutlich mehr als in den letzten Jahren. Unter Wohlbefinden lässt sich alles zusammenfassen, was sich auf die Rahmenbedingungen eines Arbeitsverhältnisses bezieht und die Arbeitssituation beeinflusst. Der Bedeutungsgewinn des allgemeinen Wohlbefindens der Mitarbeiter dürfte darauf zurückzuführen sein, dass dieses Thema die Arbeitgeberattraktivität positiv beeinflussen kann.

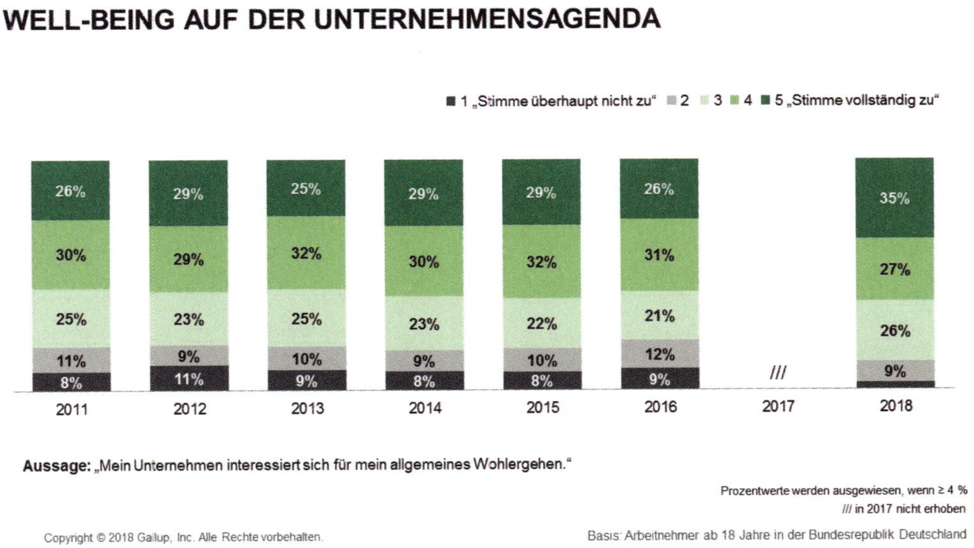

Das Interesse des Arbeitgebers am allgemeinen Wohlergehen der Mitarbeiter hat eine positive Wirkung auf deren psychisches und physisches Empfinden. Denn Arbeitnehmer, die der Aussage »Mein Unternehmen interessiert sich für mein allgemeines Wohlergehen« im Jahr 2015 uneingeschränkt zustimmten, fühlten sich gegenüber denjenigen, die der Aussage bedingungslos widersprachen, deutlich weniger gestresst (20 Prozent zu 54 Prozent), wesentlich besser gelaunt und positiver gestimmt (92 Prozent zu 55 Prozent) sowie erheblich fitter und leistungsfähiger (93 Prozent zu 64 Prozent).

Auch bei der Work-Life-Balance gibt es deutliche Unterschiede. Die Gruppe, die ohne Wenn und Aber erklärte, dass sich ihr Unternehmen für ihr allgemeines Wohlempfinden interessierte, stimmte der Aussage »Mein Unternehmen ermöglicht es mir, Arbeits- und Privatleben in Einklang zu bringen« im Jahr 2016 deutlich stärker uneingeschränkt zu als diejenigen, die sagten, dass ihr Unternehmen keinerlei Interesse an ihrem Wohlergehen zeige (63 Prozent zu 20 Prozent).

Beim Thema Work-Life-Balance hat sich durch die breite öffentliche Diskussion der letzten Jahre in den Unternehmen augenscheinlich einiges getan. Im Jahr 2005 stimmten der Aussage »Mein Unternehmen ermöglicht es mir, Arbeits- und Privatleben in Einklang zu bringen« lediglich 25 Prozent der Beschäftigten ohne Vorbehalt zu, jüngst (2016) waren es 37 Prozent. Zu diesem positiven Trend haben sicherlich ganz unterschiedliche Maßnahmen beigetragen, die allerdings noch nicht auszureichen scheinen (flexible Arbeitszeitmodelle, E-Mail-Pausen nach Feierabend oder im Urlaub). Grundsätzlich ist Work-Life-Balance sehr subjektiv und unterscheidet sich von Mitarbeiter zu Mitarbeiter – je nach Lebensphase. Hier können Unternehmen durch Individualisierung deutlich stärker optimieren.

Nachholbedarf gibt es beispielsweise im Hinblick auf die Teilzeitkultur in Deutschland – Teilzeit war auch im Jahr 2018 unverändert Frauensache. Fast jede zweite abhängig beschäftigte Frau arbeitete in Teilzeit, aber nur jeder zehnte abhängig beschäftigte Mann tat dies (Frauen: 47 Prozent; Männer: elf Prozent).

ARBEIT BESSER MIT DEM PRIVATLEBEN VEREINBAR

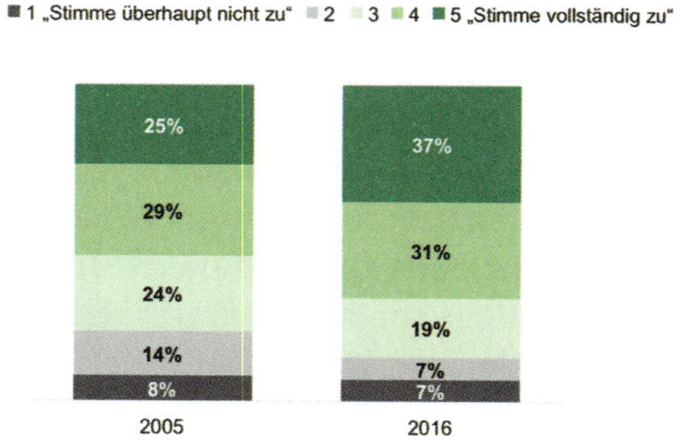

Aussage: „Mein Unternehmen ermöglicht es mir, Arbeits- und Privatleben in Einklang zu bringen.“

Basis: Arbeitnehmer ab 18 Jahre in der Bundesrepublik Deutschland

Heimarbeit kann zur Flexibilisierung und damit zur Vereinbarung von Beruf und Privatleben beitragen, sofern die Grenzen zwischen Arbeitszeit und Freizeit nicht zu sehr verschwimmen. Das Thema Homeoffice ist zwar in aller Munde, aber es ist bisher nicht zu einem Massenphänomen geworden. Nur 16 Prozent der Beschäftigten gaben im Jahr 2016 an, dass sie Arbeit von zu Hause erledigten. Damit berichteten zuletzt genauso viele Arbeitnehmer wie 2001 (16 Prozent), dass sie teilweise von zu Hause arbeiteten. Allerdings lag der Anteil der Wochenarbeitszeit, der auf das Homeoffice entfiel, zuletzt (2016) etwas höher als noch 2001 – damals lag er bei 22 Prozent der wöchentlichen Arbeitszeit, jüngst (2016) bei 27 Prozent. Für sieben Prozent der Beschäftigten war das Homeoffice im Jahr 2016 der Mittelpunkt ihrer beruflichen Tätigkeit. Sie verbrachten dort mehr als drei Viertel ihrer wöchentlichen Arbeitszeit. Zum Vergleich: Im Jahr 2001 traf dies auf nur halb so viele Personen zu (drei Prozent).

Auch im Jahr 2018 wurde das Thema flexibles Arbeiten beleuchtet. Allerdings wurde die Fragestellung gegenüber früheren Jahren modifiziert, um der Ortsunabhängigkeit von Arbeit gerechter zu werden (nicht nur Homeoffice). Dementsprechend sind die jüngsten Daten nicht mit früheren Erhebungen vergleichbar – sie sollen dem Leser jedoch nicht vorenthalten werden. 22 Prozent der Arbeitnehmer beantworteten die Frage »Arbeiten Sie während einer normalen Arbeitswoche von zu Hause oder generell an einem anderen Ort als Ihre Kollegen und Kolleginnen?« mit »Ja«. Diejenigen, die die Frage bejahten, gaben an, dass sie im Schnitt 14,1 Stunden fern von ihren Kollegen arbeiteten (39 Prozent ihrer wöchentlichen Arbeitszeit). 14 Prozent der Arbeitnehmer verbrachten drei Viertel ihrer Arbeitszeit (30 Stunden und mehr) an einem anderen Ort als dem Sitz des Arbeitgebers. Auch wenn sich die 2018er-Daten nicht mit den Ergebnissen früherer Erhebungen vergleichen lassen, deutet der Befund darauf hin, dass ortsunabhängiges Arbeiten weiter verbreitet zu sein scheint als das klassische Homeoffice.

Viele Unternehmen machen heute Angebote, um das Well-Being ihrer Mitarbeiter zu verbessern, nur wenige nehmen sie aber auch an. So sagten im Jahr 2014 57 Prozent der Beschäftigten, dass ihre Unternehmen Angebote zur Gesundheitsförderung gemacht hätten: Von Gesundheitstagen über regelmäßige Gesundheitschecks, Zuschüsse zu sportlichen Aktivitäten und Betriebssport bis hin zu Raucher-Entwöhnungsprogrammen. Allerdings nutzten nur 40 Prozent dieser Beschäftigten die Angebote ihres Arbeitgebers. Als Erklärungsgrund lässt sich ein Mangel an Individualität vermuten. Angebote, die nicht der Nachfrage entsprechen, bringen wenig. Der Bedarf wird beispielsweise durch die Altersstruktur beeinflusst. Möglicherweise gibt es beim Arbeitnehmer eine Diskrepanz zwischen Wollen und Können. Zum Beispiel stellt sich die Frage, ob sich das Angebot in den Arbeitsalltag integrieren lässt. In der Regel gilt: Die Maßnahmen müssen auf die Bedürfnisse der Mitarbeiter zugeschnitten werden, denn nur so werden sie von ihnen nachgefragt. Gutscheine, die Mitarbeiter ihrem Interesse entsprechend einlösen können, stellen beispielsweise eine Lösung dar (Rückenmuskulatur stärken, Yoga, Walking, Tanzen, Klettern). Zuletzt (2018) konnten Arbeitgeber jeden Monat pro Mitarbeiter bis zu 44 Euro steuer- und sozialabgabenfrei als Sachbezug in die Gesundheit ihrer Mitarbeiter investieren.[65]

Um das allgemeine Wohlbefinden der Mitarbeiter zu fördern, sollten Führungskräfte das Thema Well-Being noch stärker in den Fokus stellen. Vielen Mitarbeitern ist gegebenenfalls nicht bewusst, welche Möglichkeiten ihr Unternehmen anbietet. Die Führungskraft ist dabei ein wichtiger Treiber. Sie kann im Dialog Interesse am Wohlbefinden ihrer Mitarbeiter zeigen und diese ermutigen, sich aktiv um dieses zu kümmern. Auch werden sich viele Mitarbeiter nur aufraffen, wenn das Signal von oben kommt. Wird der Sport nicht von der Geschäftsführung gewollt und vorgelebt, haben auch die Mitarbeiter wenig Lust, sich zu bewegen. Nur was vorgemacht wird, ahmen Mitarbeiter in der Regel auch nach. Allerdings ist die Führungskraft, wie die Tageszeitung *Die Welt* unter Berufung auf eine Toluna-Umfrage berichtete, für Mitarbeiter nicht unbedingt ein Vorbild. Demnach stellte nur jeder fünfte Beschäftigte dem Vorgesetzten beim Thema Gesundheit am Arbeitsplatz ein positives Zeugnis aus.[66]

Die negativen Auswirkungen von Stress auf die Gesundheit und das seelische Wohlbefinden sowie gesundheitsfördernde Maßnahmen sollten für Unternehmen ein Thema sein, denn Fehltage sind teuer und wirken sich auf die Produktivität aus. Dementsprechend sind gesunde Mitarbeiter ein Wettbewerbsvorteil. Im Jahr 2017 berichteten 82 Prozent der Arbeitnehmer hierzulande, keine Gesundheitsprobleme zu haben – erwartungsgemäß nahmen die Gesundheitsprobleme mit dem Alter zu (18 bis 29 Jahre: elf Prozent; 30 bis 49 Jahre: 15 Prozent; 50 Jahre und älter: 25 Prozent). Vor dem Hintergrund des Fachkräftemangels und der demografischen Entwicklung sollten Unternehmen daher ein Interesse daran haben, dass alle ihre Beschäftigten körperlich und geistig gesund bleiben. Im Jahr 2015 fühlten sich 84 Prozent der Arbeitnehmer am Tag vor der Befragung fit und leistungsfähig. Zum Vergleich: Bei Arbeitnehmern, die der Aussage »Mein Unternehmen interessiert sich für mein allgemeines Wohlergehen« uneingeschränkt zustimmten, lag der Wert bei 93 Prozent.

Kapitel 9
Begegnungen und Beziehungen am Arbeitsplatz

Freundschaft[67]

Arbeitnehmer verbringen häufig mehr Zeit auf der Arbeit als mit Freunden oder der eigenen Familie.[68] Untersuchungen zeigen, dass Menschen sechs Stunden soziale Interaktion täglich benötigen, um sich wohlzufühlen.[69] Gute Beziehungen zu Kollegen sind deshalb von zentraler Bedeutung, nicht nur für das Wohlbefinden der Mitarbeiter, sondern auch für den Unternehmenserfolg. Aus diesem Grund stellt Gallup im Rahmen von Untersuchungen zur emotionalen Bindung auch die Frage, ob jemand »einen sehr guten Freund/eine sehr gute Freundin bei der Arbeit« hat.[70] Wie auch die jüngste Gallup-Metaanalyse (2016) erneut bestätigte, waren unter anderem die Kundenkennzahlen (Zufriedenheit, Loyalität), Qualität, Arbeitsunfälle und Produktivität mit Freundschaften am Arbeitsplatz verknüpft.[71]

Freundschaften im Kollegenkreis lassen sich zwar nicht erzwingen, aber Unternehmen können Mitarbeiter ermutigen, mit anderen »in Kontakt« zu treten und so ein Arbeitsumfeld zu schaffen, das den Aufbau von Beziehungen untereinander fördert – mit dem Ziel, ein offenes, konstruktives und vertrauensvolles Miteinander zu schaffen.

Wie aus dem Vergleich von Daten aus dem Engagement Index der Jahre 2005 und 2016 hervorging, zeichnete sich bei Freundschaften am Arbeitsplatz ein durchaus positiver Trend ab. Während 2005 nur 35 Prozent der Beschäftigten der Aussage »Mein Unternehmen unterstützt enge Freundschaften bei der Arbeit« zustimmte, taten dies ein Jahrzehnt später (2016) immerhin 42 Prozent. Auf der anderen Seite verneinte jeder vierte Beschäftigte (28 Prozent), dass sein Unternehmen Freundschaften am Arbeitsplatz unterstützt. Dies waren zwar weniger Arbeitnehmer als noch 2005 (minus sechs Prozentpunkte), aber immer noch ein nicht unerheblicher Teil.

Dort wo Freundschaften gefördert werden, entstehen sie auch: 64 Prozent der Arbeitnehmer, die ohne Wenn und Aber sagten, dass ihr Unternehmen enge Freundschaften bei der Arbeit unterstützt, erklärten 2016 auch, einen sehr guten Freund oder eine sehr gute Freundin im Unternehmen zu haben. Dort, wo Freundschaften bei der Arbeit nicht befürwortet werden, berichteten Arbeitnehmer auch deutlich weniger vom Vorhandensein eines sehr guten Freundes oder einer sehr guten Freundin bei der Arbeit (25 Prozent). Zuletzt (2018) gab jeder dritte Beschäftigte (33 Prozent) in Deutschland an, dass er einen sehr guten Freund oder eine sehr gute Freundin am Arbeitsplatz habe (2016: 34 Prozent).

Dieser Befund stimmt nachdenklich, denn von einem befreundeten Kollegen kann man vor allem Unterstützung und ehrliche Rückmeldung erwarten. Freunde sagen einander Dinge, die sich sonst keiner zu sagen traut, und sie geben Rat ohne versteckte Agenda. Arbeitnehmer, die im Jahr 2016 angaben, dass sie einen sehr guten Freund/eine sehr gute Freundin bei der Arbeit hätten, stimmten der Aussage »Meine Kollegen und Kolleginnen geben mir relevante Rückmeldung zu meiner Arbeitsleistung« deutlich eher ohne Wenn und Aber zu als Beschäftigte, die das Vorhandenseins eines sehr guten Freundes beziehungsweise einer sehr guten Freundin bei der Arbeit verneinten (41 Prozent zu 21 Prozent). Ein vertrautes Miteinander fördert die Zusammenarbeit, verbessert die Kommunikation und erhöht das Sicherheitsgefühl, weshalb Mitarbeiter sich mehr trauen, neue Wege gehen und unfertige Gedanken diskutieren. Beschäftigte, die zu Protokoll gaben, dass sie einen sehr guten Freund oder eine sehr gute Freundin bei der Arbeit

FREUNDSCHAFTEN AM ARBEITSPLATZ ERWÜNSCHT

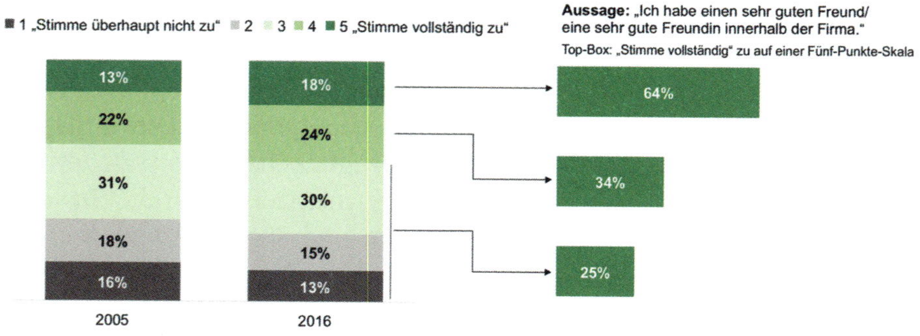

Aussage: „Mein Unternehmen unterstützt enge Freundschaften bei der Arbeit."

Basis: Arbeitnehmer ab 18 Jahre in der Bundesrepublik Deutschland

haben, stimmten der Aussage »Ich kann meine Sichtweisen offen und ohne Furcht einbringen« eher uneingeschränkt zu als Arbeitnehmer, die die Existenz eines sehr guten Freundes oder einer sehr guten Freundin bei der Arbeit verneinten (59 Prozent zu 40 Prozent), wie aus dem Engagement Index 2012 hervorging.

Mobbing[72]

Angesichts der Bedeutung von Freundschaften am Arbeitsplatz stand das Thema Mobbing im Kollegenkreis im Engagement Index 2016 erneut auf der Forschungsagenda. Die große Mehrheit (71 Prozent) der Arbeitnehmer erfuhr in den letzten sechs Monaten keine Schikane durch Kollegen. Der Wert verbesserte sich gegenüber dem Jahr 2005 um neun Prozentpunkte. Damals erklärten 62 Prozent der Beschäftigten, dass sie in besagtem Zeitraum keine Mobbingerfahrung gemacht hätten. Nichtsdestotrotz war zuletzt (2016) jeder siebte Arbeitnehmer (14 Prozent) im Zeitraum der vergangenen sechs Monate Schikanen aus dem Kollegenkreis ausgesetzt – hochgerechnet auf die Arbeitnehmerschaft in Deutschland entsprach dies 4,8 Millionen Beschäftigten.

WENIGER MOBBING

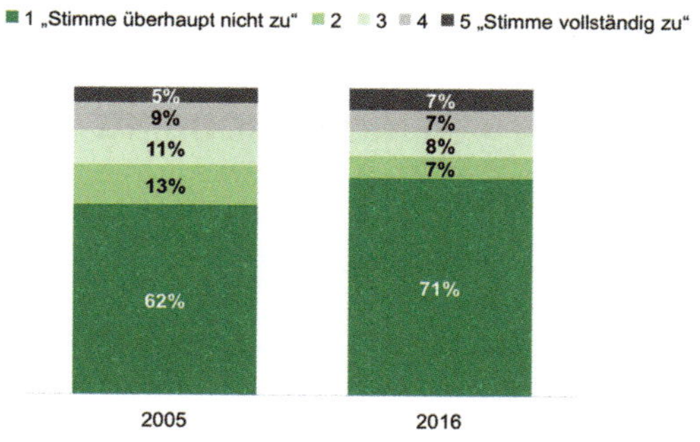

Aussage: „Ich habe im letzten halben Jahr Schikanen durch meine Kollegen/Kolleginnen erfahren.“

Basis: Arbeitnehmer ab 18 Jahre in der Bundesrepublik Deutschland

Dort, wo Freundschaften am Arbeitsplatz gefördert wurden, war die emotionale Bindung deutlich ausgeprägter als wenn dies nicht der Fall war (41 Prozent zu acht Prozent). Zudem kam es in Arbeitsumgebungen, die Freundschaften bekräftigten, entschieden seltener zu Mobbing (Schikane durch Kollegen): 81 Prozent der Arbeitnehmer, die der Aussage »Mein Unternehmen unterstützt enge Freundschaften bei der Arbeit« ohne Wenn und Aber zustimmten, widersprachen der Aussage »Ich habe im letzten halben Jahr Schikanen durch meine Kollegen/Kolleginnen erfahren«. Bei Arbeitnehmern, an deren Arbeitsplatz keine sozialen Beziehungen unterstützt wurden, stimmten nur 67 Prozent zu.

MEHR FREUNDSCHAFTEN = HÖHERE EMOTIONALE BINDUNG

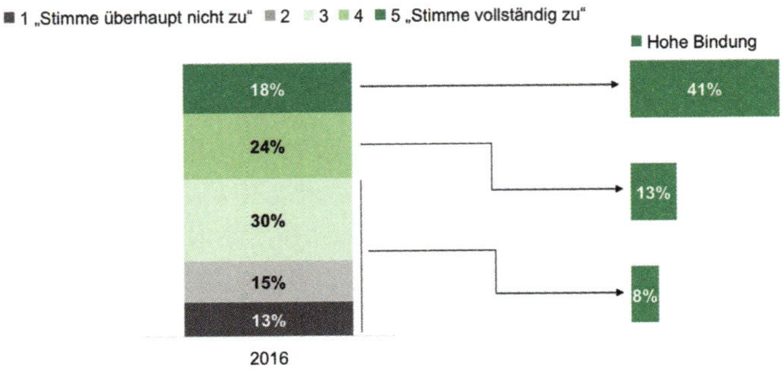

Aussage: „Mein Unternehmen unterstützt enge Freundschaften bei der Arbeit."

Basis: Arbeitnehmer ab 18 Jahre in der Bundesrepublik Deutschland

MEHR FREUNDSCHAFTEN = WENIGER MOBBING

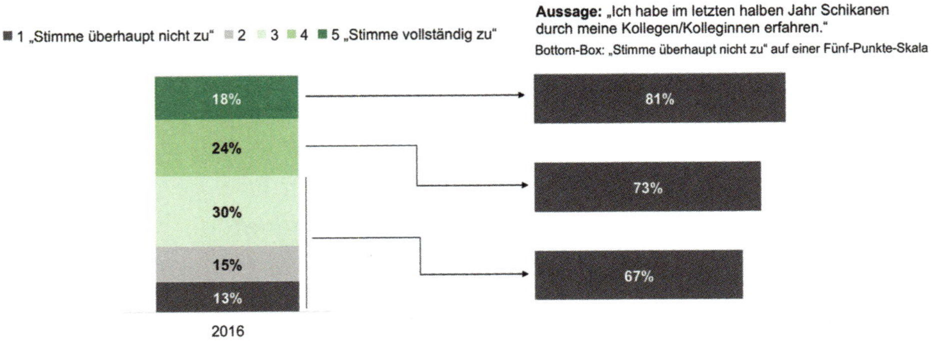

Aussage: „Mein Unternehmen unterstützt enge Freundschaften bei der Arbeit."

Basis: Arbeitnehmer ab 18 Jahre in der Bundesrepublik Deutschland

Freundschaften bedürfen eines Fundamentes aus gemeinsamen Interessen, häufigen Kontakten und ähnlichen Zielen. Führungskräfte können hier gezielt ansetzen und soziale Kontakte fördern. Sie können beispielsweise vorangehen und Dinge aus ihrem (Privat-)Leben teilen. Das ermutigt Mitarbeiter, sich ebenfalls zu öffnen, und bietet eine Möglichkeit, sich auf einer »anderen Ebene« auszutauschen und gemeinsame Interessen zu entdecken. Darüber hinaus können Führungskräfte Aktivitäten fördern, in denen Mitarbeiter gemeinsamen Interessen nachgehen können oder die dazu beitragen, dass die Gemeinschaft gestärkt wird (regelmäßige, gemeinsame Teamaktivitäten). Zudem können sie Teams bewusst nach ähnlichen Interessen der Mitarbeiter zusammenstellen. Auch können Führungskräfte Mitarbeiter verschiedene Stationen im Unternehmen durchlaufen lassen, um neue Kontakte zu knüpfen. Ferner können sie Möglichkeiten für eine enge Zusammenarbeit in Form eines gemeinsamen Projektes schaffen, um die Interaktion zwischen Teammitgliedern zu begünstigen, was die Wahrscheinlichkeit erhöht, dass Freundschaften entstehen können. Denn wer beruflich über einen längeren Zeitraum miteinander zu tun hat, kommt sich in der Regel auch auf der privaten Ebene näher.

Duzen[73]

Das Überwinden und Abbauen von Distanz durch die informelle Anrede »Du« statt dem formellen »Sie« ist ein weiterer Schritt Richtung Freundschaft am Arbeitsplatz. Die Mehrheit der Beschäftigten (88 Prozent) gab im Jahr 2016 an, dass sie die meisten Personen im Kollegenkreis duzen. Der positive Effekt des Duzens war in den Antworten auf die Frage »Mein Unternehmen unterstützt enge Freundschaften bei der Arbeit« zu erkennen – denn Duzer stimmten der Aussage deutlich stärker zu als Siezer (21 Prozent zu drei Prozent). Auch erklärten Duzer deutlich häufiger als Siezer, dass sie einen sehr guten Freund beziehungsweise eine sehr gute Freundin bei der Arbeit haben (36 Prozent zu elf Prozent).

Im Kollegenkreis ist das Du verbreiteter als bei der Anrede des Vorgesetzten. Zwei Drittel der Beschäftigten (64 Prozent) duzten ihre Führungskraft zum Zeitpunkt der Befragung. Das Siezen der Führungskraft war vor allem dort vorzufinden, wo das Verhältnis zwischen den Vorgesetzten und Mitarbeitern nicht auf Augenhöhe stattfand, also dort, wo die Führungskraft »Ansagen macht«. Während der Anteil der Siezer unter denjenigen, die sich von ihrer Führungskraft als Partner behandelt fühlten, bei nur 27 Prozent lag, belief er sich bei jenen, die den klassischen Führungsstil per Ansage erlebten, auf 62 Prozent.

Wie aus den jüngsten Daten (2016) hervorging, lebten 62 Prozent der Arbeitnehmer zum Befragungszeitpunkt in einer Duz-Kultur – sie duzten die Kollegen und die Führungskraft. Ein Viertel der Beschäftigten (26 Prozent) duzte die Kollegen, siezte aber den Vorgesetzten. Eine Minderheit der Arbeitnehmer – sechs Prozent – siezte sowohl die Kollegen als auch die Führungskraft. Die Siez-Kultur ist eine Barriere für emotionale Bindung. Kein Einziger aus der Siezer-Gruppe wies eine hohe emotionale Bindung auf. Bei den Duzern waren es immerhin 18 Prozent.

DUZEN ODER SIEZEN?

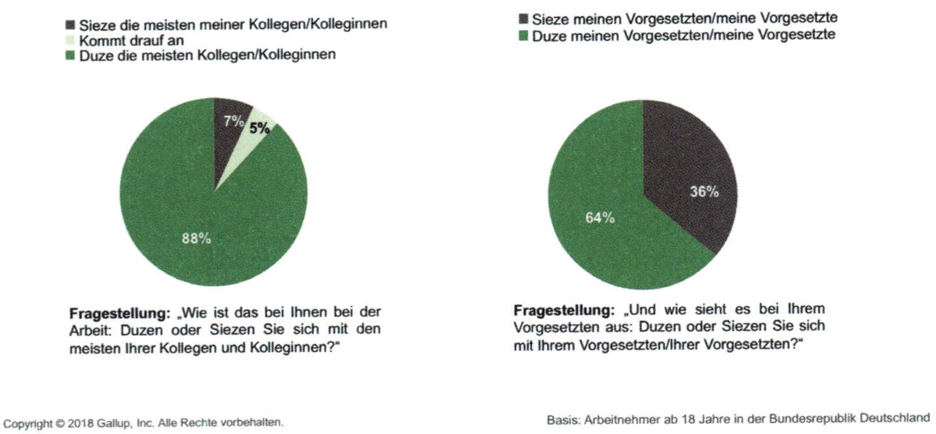

DUZ-KULTUR WEIT VERBREITET

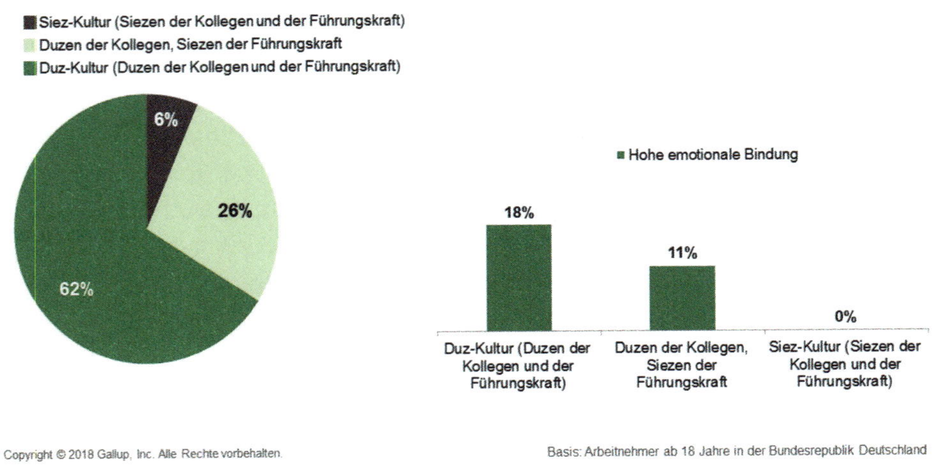

Reden um des Redens willen?[74]

Im Rahmen des Engagement Index 2014 wurde der Frage nachgegangen, wie es um die Kommunikation am Arbeitsplatz bestellt ist. Dabei wurde einerseits die Häufigkeit von Teambesprechungen und andererseits die Kontakthäufigkeit mit der Führungskraft untersucht. Bei zuletzt Genanntem ging es nicht um die verschiedenen genutzten Kommunikationskanäle und deren Nutzungsfrequenz (persönlich, telefonisch, E-Mail, Chatnachrichten oder andere Formen digitaler Kommunikation), sondern um den Kontakt zwischen Führungskraft und Mitarbeiter an sich. Drei Viertel der Arbeitnehmer (79 Prozent) gaben an, mindestens einmal im Monat mit ihrer Führungskraft und den Kollegen für eine Besprechung im Team zusammengekommen zu sein. Für jeden fünften Beschäftigten (19 Prozent) stand ein derartiges Zusammenkommen sogar täglich auf der Agenda. Nur jeder zehnte Arbeitnehmer (neun Prozent) berichtete, dass bei ihm keine regelmäßigen Teambesprechungen stattfänden (Tabelle 4).

Zwei Drittel der Beschäftigten (65 Prozent) gaben im Befragungszeitraum an, täglich mit ihrer Führungskraft in Verbindung gestanden zu haben (persönlich, telefonisch, mittels E-Mail, Chatnachrichten oder einer anderen Form digitaler Kommunikation). Ein weiteres Fünftel der Arbeitnehmer (21 Prozent) erklärte einmal in der Woche mit dem Vorgesetzen Kontakt gehabt zu haben. Nur ein verschwindend geringer Teil der Beschäftigten (drei Prozent) sagte, dass er seltener als einmal im Monat mit der Führungskraft im Austausch stand (Tabelle 5).

Tabelle 4		
Täglich	19 Prozent	79 Prozent mindestens monatlich
Wöchentlich	28 Prozent	
Alle zwei Wochen	11 Prozent	
Monatlich	21 Prozent	
Weniger als einmal im Monat	5 Prozent	21 Prozent weniger als monatlich
Mindestens zweimal im Jahr	6 Prozent	
Einmal im Jahr oder weniger	1 Prozent	
Keine regelmäßigen Besprechungen	9 Prozent	
Fragestellung: »Wie oft haben Sie in der Regel Teambesprechungen mit Ihrem Vorgesetzten?« (2014)		
Basis: Arbeitnehmer ab 18 Jahre in der Bundesrepublik Deutschland		

Tabelle 5		
Täglich	65 Prozent	86 Prozent mindestens wöchentlich
Wöchentlich	21 Prozent	
Alle zwei Wochen	4 Prozent	
Monatlich	6 Prozent	
Weniger als einmal im Monat	2 Prozent	
Nie	1 Prozent	
Fragestellung: »Wie oft sprechen Sie im Allgemeinen mit Ihrem Vorgesetzten (persönlich, Telefon, E-Mails, Chatnachrichten oder jede andere Form digitaler Kommunikation)?« (2014) Basis: Arbeitnehmer ab 18 Jahre in der Bundesrepublik Deutschland		

Auf den ersten Blick scheint die Kommunikation im Team, aber auch zwischen Mitarbeitern und Führungskräften zu funktionieren. Das zeigte sich darin, dass Arbeitnehmer nicht nur mehrheitlich erklärten, dass sie wussten, woran ihre Kollegen arbeiteten, sondern auch darin, dass sie davon überzeugt waren, dass ihre Führungskraft Kenntnis davon hatte, womit sie beschäftigt waren. Der Aussage »Mein Vorgesetzter/Meine Vorgesetzte weiß, an welchen Projekten oder Aufgaben ich arbeite« stimmten 72 Prozent der Beschäftigten uneingeschränkt zu, bei der Aussage »Ich weiß, woran meine Kollegen und Kolleginnen arbeiten« traf dies auf die Hälfte der Befragten zu (50 Prozent).

Allerdings scheinen regelmäßige Teammeetings keinen messbaren Einfluss auf den Kenntnisstand bezüglich der Arbeit der Kollegen zu haben. Bei der Aussage »Ich weiß, woran meine Kollegen und Kolleginnen arbeiten« zeigte sich kein Unterschied im Antwortverhalten zwischen Beschäftigten, die angaben, dass Teammeetings regelmäßig stattfanden, und solchen, bei denen dies nicht der Fall war. Die Vermutung liegt daher nahe, dass das Wissen darüber, woran die Kollegen arbeiten, auf anderem Wege zustande kommt – denkbar ist ein formeller Austausch untereinander in der täglichen Zusammenarbeit oder durch informelle Gespräche, beispielsweise auf dem Gang, in der Kaffeeküche oder der Mittagspause.

Anders verhält es sich hingegen, wenn es um den eingeschätzten Kenntnisstand der Führungskraft bezüglich der eigenen Arbeit geht. Hier zeigte sich eine Diskrepanz in der Beantwortung der Aussage »Mein Vorgesetzter/Meine Vorgesetzte weiß, an welchen Projekten oder Aufgaben ich arbeite«. Arbeitnehmer, die angaben, dass regelmäßig Besprechungen im Team (mindestens monatlich) unter Anwesenheit der Führungskraft stattfanden, stimmten der eben genannten Aussage deutlich stärker uneingeschränkt zu als Beschäftigte, die erklärten, dass Teammeetings lediglich sporadisch abgehalten wurden (80 Prozent zu 68 Prozent). Der Unterschied könnte darauf zurückzuführen sein, dass Mitarbeiter die regelmäßige Anwesenheit der Führungskraft in Teammeetings sowie das damit gezeigte zeitliche und inhaltliche Interesse mit Wissen über die eigene Tätigkeit seitens der Führungskraft gleichsetzen.

Wenig überraschend ist, dass die uneingeschränkte Zustimmung zur Aussage »Mein Vorgesetzter/Meine Vorgesetzte weiß, an welchen Projekten oder Aufgaben ich arbeite« mit der Mitarbeiter-Führungskraft-Kontaktfrequenz zunahm und bei täglichem Dialog am höchsten war (täglich: 80 Prozent; wöchentlich: 58 Prozent; seltener als einmal in der Woche: 56 Prozent). Durch den häufigen Kontakt zur Führungskraft – unabhängig vom Kommunikationskanal – und der Aufmerksamkeit, die ihnen hierdurch entgegengebracht wird, haben Mitarbeiter den Eindruck, dass ihr Vorgesetzter über ihre Tätigkeiten vollstens im Bilde ist.

Das Zusammenkommen im Team und die damit verbundene Kommunikation sowie der Mitarbeiter-Führungskraft-Dialog spielen für die emotionale Bindung eine nicht unerhebliche Rolle: Arbeitnehmer, bei denen regelmäßig Teammeetings stattfanden (mindestens einmal im Monat), wiesen einen höheren Anteil an Hand, Herz und Verstand-Mitarbeitern (plus zwölf Prozentpunkte) und einen geringeren Anteil an inneren Kündigern auf (minus 25 Prozentpunkte) als Beschäftigte, bei denen keine Regelmäßigkeit in Bezug auf Besprechungen bestand (Tabelle 6).

Tabelle 6

	Hohe Bindung	Geringe Bindung	Keine Bindung
Regelmäßige Besprechungen (mindestens monatlich)	23 Prozent	72 Prozent	6 Prozent
Keine regelmäßigen Besprechungen	11 Prozent	58 Prozent	31 Prozent

Fragestellung: »Wie oft haben Sie in der Regel Teambesprechungen mit Ihrem Vorgesetzten?« (2014)

Basis: Arbeitnehmer ab 18 Jahre in der Bundesrepublik Deutschland

Ein ähnliches Bild ergab sich auch in Hinblick auf die Schnittstelle zwischen Mitarbeiter und Führungskraft: Je höher die Kontakthäufigkeit zwischen ihnen war, desto ausgeprägter auch die emotionale Bindung. Führungskräfte, die seltener als einmal im Monat mit ihren Mitarbeitern im Austausch waren, liefen Gefahr, dass sich diese ignoriert fühlten, was innere Kündigung zur Folge hatte (Tabelle 7).

Tabelle 7			
	Hohe Bindung	Geringe Bindung	Keine Bindung
Täglich	21 Prozent	67 Prozent	13 Prozent
Wöchentlich	16 Prozent	71 Prozent	13 Prozent
Seltener als einmal im Monat	13 Prozent	34 Prozent	53 Prozent
Fragestellung: »Wie oft sprechen Sie im Allgemeinen mit Ihrem Vorgesetzten (persönlich, Telefon, E-Mails, Chatnachrichten oder jede andere Form digitaler Kommunikation)?« (2014) Basis: Arbeitnehmer ab 18 Jahre in der Bundesrepublik Deutschland			

Kapitel 10
Chancengleichheit am Arbeitsplatz?[75]

In den letzten Jahrzehnten hat die Teilnahme von Frauen am Arbeitsmarkt zwar deutlich zugenommen, aber die Erwerbstätigenquote von Frauen lag im Jahr 2015 immer noch unter der von Männern (70 Prozent zu 78 Prozent).[76] Wie aus einer Studie des Bundesministeriums für Arbeit und Soziales aus dem Jahr 2017 hervorging, zeigten sich unter anderem auch signifikante Unterschiede zwischen Männern und Frauen im Hinblick auf Arbeitsvolumen, Löhne und Gehälter, Berufe und Funktionsbereiche.[77] Zuletzt (2018) waren zwar mehr Frauen in Führungspositionen wie noch zehn Jahre zuvor, aber männliche Vorgesetzte stellten unverändert den Großteil der Führungskräfte, wie der jüngste (2018) Engagement Index hervorbrachte (vgl. Kapitel 11).

Doch wie nehmen Beschäftigte die Chancengleichheit bei ihrem Arbeitgeber im Allgemeinen wahr? Die große Mehrheit der Befragten (84 Prozent) hatte im Jahr 2015 den Eindruck, dass Frauen und Männer in ihrem Unternehmen die gleichen Chancen haben. Zwölf Prozent der Befragten vertraten die Auffassung, dass bei ihnen im Betrieb Männer bevorzugt werden, vier Prozent meinten, dass dies auf Frauen zutrifft.

Gravierende Unterschiede zwischen weiblichen und männlichen Befragten zeigten sich in der Einschätzung der Chancengleichheit von Frauen und Männern bei ihrem derzeitigen Arbeitgeber nicht (Männer: 86 Prozent; Frauen: 81 Prozent). Weibliche Befragte gaben gegenüber männlichen Befragten jedoch etwas häufiger an, dass Männer in ihrem Unternehmen bevorzugt würden (15 Prozent zu zehn Prozent). Umgekehrt teilten männliche Befragte im Vergleich zu weiblichen Interviewten jedoch nicht die Auffassung, dass Frauen bei ihnen im Betrieb bevorzugt würden (vier Prozent zu vier Prozent) (Tabelle 8).

Tabelle 8			
	Gleiche Chancen	Männer bevorzugt	Frauen bevorzugt
Gesamt	84 Prozent	12 Prozent	4 Prozent
Männer	86 Prozent	10 Prozent	4 Prozent
Frauen	81 Prozent	15 Prozent	4 Prozent
Fragestellung: »Haben Männer und Frauen bei Ihnen im Unternehmen die gleichen Chancen oder wird eines der beiden Geschlechter bevorzugt?« (2015) Basis: Arbeitnehmer ab 18 Jahre in der Bundesrepublik Deutschland			

Auch die Tatsache, ob ein Arbeitnehmer eine männliche oder weibliche Führungskraft hat, hatte kaum Auswirkungen auf die wahrgenommene Chancengleichheit der Geschlechter im eigenen Unternehmen. Unabhängig vom Geschlecht der Führungskraft lag der Wert für die Antwortkategorie »Gleiche Chancen« über der 80-Prozent-Marke (Tabelle 9). Allerdings: Der Anteil derjenigen, die angaben, dass Männer bevorzugt würden, war unter Befragten mit einer männlichen Führungskraft deutlich größer als in der Gruppe, die von einer weiblichen Führungskraft geführt wurde (14 Prozent zu sechs Prozent). Andersherum hatten Interviewte mit einer weiblichen Führungskraft nicht im gleichen Maße den Eindruck, dass »Frauen bevorzugt« würden. Der Anteil derjenigen, die angaben, dass Frauen einen Vorzug genießen würden, erwies sich bei Befragten mit einer weiblichen Führungskraft als ähnlich hoch wie bei Befragten mit einer männlichen Führungskraft (sechs Prozent zu vier Prozent). Zur Erinnerung: Frauen haben seltener eine Führungsposition inne als Männer.

Tabelle 9			
	Gleiche Chancen	Männer bevorzugt	Frauen bevorzugt
Gesamt	84 Prozent	12 Prozent	4 Prozent
Männliche Führungskraft	82 Prozent	14 Prozent	4 Prozent
Weibliche Führungskraft	87 Prozent	6 Prozent	6 Prozent
Fragestellung: »Haben Männer und Frauen bei Ihnen im Unternehmen die gleichen Chancen oder wird eines der beiden Geschlechter bevorzugt?« (2015) Basis: Arbeitnehmer ab 18 Jahre in der Bundesrepublik Deutschland			

Die Vermutung liegt nahe, dass Frauen, die es zu Führungsverantwortung gebracht haben, sich der Geschlechterproblematik am Arbeitsplatz bewusster sind und so möglicherweise von vornherein versuchen, die Benachteiligung eines Geschlechts zu vermeiden.

Reaktiv statt proaktiv

Wird das Thema Chancengleichheit weiter gefasst, zeigt sich, dass es im Arbeitsalltag durchaus eine Herausforderung darstellt. Nur 31 Prozent der Beschäftigten konnten der Aussage »Ich kann mich immer darauf verlassen, dass mein Unternehmen alle Mitarbeiter fair behandelt« zuletzt (2015) uneingeschränkt zustimmen. Damit hat sich das Bild seit dem Jahr 2008 nicht wesentlich verändert. Damals stimmten 28 Prozent der Beschäftigten dieser Aussage ohne Wenn und Aber zu. Hierbei gilt jedoch zu berücksichtigen, dass sich »fairer Umgang« nicht nur auf das Geschlecht, sondern auch auf das Alter, Behinderungen, chronische Krankheiten, sexuelle Identität, Religion, soziale oder ethnische Herkunft beziehen kann.

Auch wenn sich die grundlegende Einschätzung zur Gleichbehandlung in den Unternehmen nur unwesentlich verändert hat, zeigte sich ein Wandel bei der Einschätzung, dass das Unternehmen tätig wird, wenn es zu Diskriminierungen kommt. Während die uneingeschränkte Zustimmung zur Aussage »Wenn ich Bedenken in Bezug auf Diskriminierung äußere, kann ich sicher sein, dass mein Arbeitgeber das Richtige unternimmt« im Jahr 2008 bei 41 Prozent lag, erhöhte sie sich im Jahr 2015 auf 47 Prozent. Der positive Trend bei besagter Aussage geht vermutlich darauf zurück, dass es seitens der Unternehmen in den letzten Jahren zu einer Sensibilisierung beim Thema Diskriminierung gekommen ist.

Die Daten der beiden Fragen deuten darauf hin, dass Unternehmen in erster Linie an reaktiven Maßnahmen und Initiativen arbeiten und weniger an der grundsätzlichen Gleichbehandlung. Schließlich ist es einfacher, bei einem konkreten Vorfall aktiv zu werden, als die Unternehmenskultur wesentlich zu ändern. Dabei kann die offen gelebte Gleichbehandlung aller Beschäftigten das Unternehmen für die besten Talente attraktiver machen.

Mit Diversity Management ist daher in den letzten Jahren eine Managementdisziplin entstanden, die zunehmend an Bedeutung gewinnt und über das Thema Mann und Frau hinausgeht. Das Ziel von Diversity Management ist es, die Vielfalt von Mitarbeitern so zu nutzen, dass Unternehmen durch unterschiedliche Sichtweisen und Meinungen leistungs- und wettbewerbsfähiger werden. Allerdings: Die Zustimmung zur Aussage »In meinem Unternehmen werden unterschiedliche Meinungen und Ideen geschätzt« hat sich zwischen 2008 und 2015 nicht wesentlich verändert. Damals wie heute stimmte der Aussage weniger als jeder dritte Befragte uneingeschränkt zu (2008: 29 Prozent; 2015: 30 Prozent).

Folglich gilt es eine Unternehmenskultur zu fördern, die den internen Dialog unterstützt. Dazu ist ein Umfeld nötig, in dem jeder Einzelne gehört wird. Beschäftigte müssen erleben, dass ihre Meinungen ernst genommen werden und ihnen Respekt entgegengebracht wird. Durch das Erleben einer solchen Unternehmenskultur werden sich mehr und mehr Mitarbeiter von sich aus einbringen. Denn wer seine Beschäftigten um Input bittet, regt sie in der Regel zum Nachdenken an: Was könnte besser laufen? Welche Prozesse und Abläufe lassen sich wie vereinfachen? Welche Trends gibt es? Welche Konkurrenzprodukte könnten zu einer ernsten Gefahr reifen? Welche Neuentwicklungen lohnen sich? Die Betrachtung dieser Gesichtspunkte aus den verschiedenen Perspektiven einer vielfältigen Belegschaft ist erfolgskritisch. Nur so können Gedanken neue Pfade gehen, Veränderungen angestoßen und unterschiedliche Märkte sowie Zielgruppen optimal bedient werden. Chancengleichheit ist daher nicht nur wünschenswert, sondern eine Notwendigkeit, um sich für die Zukunft aufzustellen und nachhaltige Wettbewerbsvorteile zu erzielen.

GLEICHBEHANDLUNG: REAKTIV, NICHT PROAKTIV

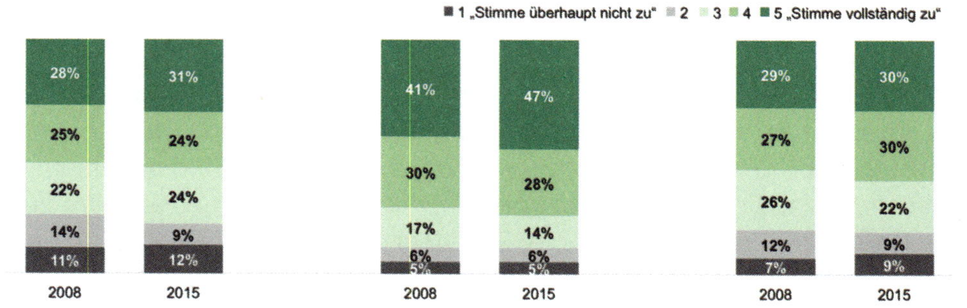

Aussage: „Ich kann mich immer darauf verlassen, dass mein Unternehmen alle Mitarbeiter fair behandelt."

Aussage: „Wenn ich Bedenken in Bezug auf Diskriminierung äußere, kann ich sicher sein, dass mein Arbeitgeber das Richtige unternimmt."

Aussage: „In meinem Unternehmen werden unterschiedliche Meinungen und Ideen geschätzt."

Basis: Arbeitnehmer ab 18 Jahre in der Bundesrepublik Deutschland

Ältere außen vor

Mit Blick auf die Demografie der im Jahr 2015 befragten Arbeitnehmer zeigte sich bei allen drei erwähnten Aspekten – fairer Umgang mit jedem Einzelnen, angemessene Reaktion auf Diskriminierung, Meinungsvielfalt – ein interessantes Muster, das darauf hindeutet, dass in Deutschland abhängig vom Alter unterschiedliche Erfahrungen gemacht werden, die zu verschiedenen Wahrnehmungen führen. Mit Ausnahme vom Alter zeigten sich bei keinen weiteren im Rahmen der Befragung erfassten Merkmale statistisch signifikante Unterschiede im Antwortverhalten (Geschlecht, Vollzeit/Teilzeit, Geschlecht der direkten Führungskraft, Teamzusammensetzung (eher Männer, eher Frauen, ausgeglichenes Verhältnis), berufliche Stellung, formale Bildung).

Während 42 Prozent der 18- bis 29-jährigen Arbeitnehmer der Aussage »Ich kann mich immer darauf verlassen, dass mein Unternehmen alle Mitarbeiter fair behandelt« im Jahr 2015 ohne Wenn und Aber zustimmten, taten dies nur 29 Prozent der Beschäftigten im Alter von 50 Jahren und darüber. Ähnlich ist das Muster bei der Aussage »Wenn ich Bedenken in Bezug auf Diskriminierung äußere, kann ich sicher sein, dass mein Arbeitgeber das Richtige unternimmt«. Hier stimmten 59 Prozent der jüngeren Beschäftigten, aber nur 39 Prozent der Älteren uneingeschränkt zu. Schließlich stimmten 46 Prozent der unter 30-jährigen Arbeitnehmer der Aussage »In meinem Unternehmen werden unterschiedliche Meinungen und Ideen geschätzt« vollständig zu, aber nur 23 Prozent der Beschäftigten aus der Gruppe »50 Jahre und älter« (Tabelle 10).

Tabelle 10

	Aussage: »Ich kann mich immer darauf verlassen, dass mein Unternehmen alle Mitarbeiter fair behandelt.« (2015)	Aussage: »Wenn ich Bedenken in Bezug auf Diskriminierung äußere, kann ich sicher sein, dass mein Arbeitgeber das Richtige unternimmt.« (2015)	Aussage: »In meinem Unternehmen werden unterschiedliche Meinungen und Ideen geschätzt.« (2015)
Gesamt	31 Prozent	48 Prozent	30 Prozent
18 bis 29 Jahre	42 Prozent	59 Prozent	46 Prozent
50 Jahre und älter	29 Prozent	39 Prozent	23 Prozent

Ausgewiesen ist der Anteil derjenigen, die die entsprechende Aussage auf einer Fünf-Punkte-Skala mit »Stimme vollständig zu« beantwortet hatte.

Basis: Arbeitnehmer ab 18 Jahre in der Bundesrepublik Deutschland

Die durchweg niedrigeren Zustimmungswerte der älteren Arbeitnehmer legen die Vermutung nahe, dass sie am Arbeitsplatz selber eine andere Behandlung erfahren als jüngere, in ihrem Unternehmen entsprechende Beobachtungen machen oder beides. Dass ältere Arbeitnehmer Diskriminierung deutlich öfter erleben, stützt auch eine Studie, die Gallup im Sommer 2005 unter Personalentscheidern von börsennotierten Unternehmen in Deutschland durchgeführt hat. Im Rahmen der Untersuchung wurde HR-Entscheidern ein Szenario vorgelegt, bei dem zwei Bewerber für eine zu besetzende Stelle zur Auswahl standen. Beide Kandidaten verfügten über die gleiche fachliche Qualifikation und identische Eigenschaften. Der einzige Unterschied zwischen beiden Kandidaten bestand im Alter. Der erste Bewerber war 50 Jahre, der zweite war 35 Jahre alt. Die Mehrheit der Personalentscheider (83 Prozent) gab dem jüngeren Bewerber den Vorzug, und das, obwohl in der gleichen Studie die Mehrheit von ihnen (85 Prozent) erklärte, dass ältere Arbeitnehmer für den Unternehmenserfolg sehr wichtig oder wichtig seien.[78]

Mit Blick auf den Engagement Index 2005 verwundert es, dass es ältere Arbeitnehmer schwerer haben. Denn der Aussage »Eine erfolgreiche Arbeitsgruppe besteht aus einem gesunden Mix zwischen jungen und älteren Mitarbeitern und Mitarbeiterinnen« stimmten 56 Prozent der Beschäftigten uneingeschränkt zu. Weiter ging aus den 2005er-Daten hervor, dass 87 Prozent der Arbeitnehmer unter 45 Jahren angaben, dass es Kollegen, die das 50. Lebensjahr überschritten haben, nicht an Motivation bei der Arbeit und an Begeisterung für diese fehlte. Ferner vertraten damals 91 Prozent der Beschäftigten jenseits des 50. Lebensjahres die Auffassung, dass sie von jüngeren Kollegen Leistungsfähigkeit bescheinigt bekommen. Zudem kamen Untersuchungen zu dem Ergebnis, dass sich keine Unterschiede in der beruflichen Leistungsfähigkeit von älteren und jüngeren Beschäftigten ausmachen lassen, sofern das Alter als Bewertungsgrundlage für das Arbeitsergebnis herangezogen wird.[79]

Das Thema Altersdiskriminierung ist vor allem vor dem Hintergrund des demografischen Wandels von Bedeutung. Wie aus Daten des Statistischen Bundesamtes hervorging, hat sich das Verhältnis von jüngeren zu älteren Arbeitnehmern in den letzten 15 Jahren verschoben. Im Jahr 2016 waren mehr Arbeitnehmer über 50 als unter 30 Jahre alt (2016: 35,3 Prozent zu 18,1 Prozent; 2000: 21,0 Prozent zu 23,5 Prozent).[80] Dementsprechend prägen ältere Arbeitnehmer das Belegschaftsbild und eine Ausgrenzung dieser Personengruppe ist ein fataler Fehler – ihr Wert sollte nicht unterschätzt werden. Denn durch ihren Wissens- und Erfahrungsschatz und ihre erworbenen Kompetenzen als »alte Hasen« sind sie für ein Unternehmen unersetzlich. Gleichzeitig sind Ältere für Neues aber durchaus aufgeschlossen, wie aus dem Engagement Index 2017 hervorging. Zwar gaben deutlich mehr ältere als jüngere Arbeitnehmer an, dass sie sich nicht um neue Trends und Entwicklungen kümmern (21 Prozent zu sechs Prozent), aber trotzdem handelt es sich beim Großteil der Älteren nicht um Verweigerer gegenüber den heutigen Technologien. 88 Prozent der über 50-jährigen Beschäftigten hatten zum Zeitpunkt der Befragung zu Hause einen Internetzugang (95 Prozent der unter 30-Jährigen) und 82 Prozent von ihnen nutzten mehrmals wöchentlich das Internet (95 Prozent der unter 30-Jährigen). Die Herausforderung, ältere Arbeitnehmer auf dem neuesten Stand zu halten, besteht nicht in einer Verweigerungshaltung dieser, sondern vielmehr darin, dass sie vom Aufmerksamkeitsradar in den Unternehmen verschwinden – etwa wenn es darum geht, Lern- und Weiterentwicklungsmöglichkeiten anzubieten, aber auch in Bezug auf die betreuende Unterstützung in ihrer Entwicklung, wie sich ebenfalls aus dem Engagement Index 2017 ergab (Tabelle 11). Hier sollte schnellstmöglich ein Umdenken stattfinden.

Tabelle 11

	Aussage: »Bei der Arbeit gibt es jemanden, der mich in meiner Entwicklung fördert.« (2017)	Aussage: »Während des letzten Jahres hatte ich bei der Arbeit die Gelegenheit, Neues zu lernen und mich weiterzuentwickeln.« (2017)
Gesamt	16 Prozent	27 Prozent
18 bis 29 Jahre	23 Prozent	38 Prozent
50 Jahre und älter	9 Prozent	18 Prozent

Ausgewiesen ist der Anteil derjenigen, die die entsprechende Aussage auf einer Fünf-Punkte-Skala mit »Stimme vollständig zu« beantwortet hatten.

Basis: Arbeitnehmer ab 18 Jahre in der Bundesrepublik Deutschland

Gute Führung schafft Chancengleichheit

Die im Arbeitsumfeld erlebte Führung hat erheblichen Einfluss darauf, wie Chancengleichheit wahrgenommen wird. Unsere Daten aus dem Jahr 2015 zeigten dass, je höher der Grad der emotionalen Bindung ist, desto höher auch die Zustimmung zu jedem der drei Aspekte, die für Chancengleichheit stehen, ausfällt: fairer Umgang mit jedem Einzelnen, angemessene Reaktion auf Diskriminierung, und Meinungsvielfalt (Tabelle 12). Der Grund hierfür dürfte darin zu suchen sein, dass die Erfahrungen, die ein Mitarbeiter im Arbeitsumfeld macht, seine Wahrnehmung prägen und sich dies auf das Unternehmen insgesamt überträgt. Bei Arbeitnehmern, die eine positive Erfahrung bezüglich der Erfüllung ihrer emotionalen Bedürfnisse machten (unter anderem Wertschätzung, als Mensch gesehen werden, Möglichkeit haben sich einzubringen zu können, Vorhandensein von zwischenmenschlichen Beziehungen, Interesse an der beruflichen Entwicklung), wirkte sich diese positiv auf die wahrgenommene Chancengleichheit aus. Mit Blick auf das Alter innerhalb der Gruppe »hohe Bindung« zeigten sich keine statistisch signifikanten Unterschiede im Antwortverhalten zwischen Jungen und Alten mehr. Unter 30-jährige und über 50-jährige Arbeitnehmer stimmten jeder der drei Aussagen zur Chancengleichheit in gleichem Maße zu. Kurzum: Das Er- und Miterleben eines positiven Umgangs miteinander im Arbeitsalltag hat eine integrierende Wirkung. Daraus ergibt sich in der Regel, dass sich diese Erfahrung auf das eigene Verhalten überträgt und dementsprechend positive Verhaltensweisen untereinander an den Tag gelegt werden, wie beispielsweise wertschätzendes Verhalten anderen gegenüber. So stimmten im Jahr 2005 zwei Drittel der Arbeitnehmer (66 Prozent) der Aussage »Wenn ich Anerkennung bekomme, möchte ich auch anderen Anerkennung geben« zu.

Tabelle 12

	»Ich kann mich immer darauf verlassen, dass mein Unternehmen alle Mitarbeiter fair behandelt.« (2015)	»Wenn ich Bedenken in Bezug auf Diskriminierung äußere, kann ich sicher sein, dass mein Arbeitgeber das Richtige unternimmt.« (2015)	»In meinem Unternehmen werden unterschiedliche Meinungen und Ideen geschätzt.« (2015)
Gesamt	31 Prozent	48 Prozent	30 Prozent
Hohe Bindung	63 Prozent	77 Prozent	70 Prozent
Geringe Bindung	27 Prozent	47 Prozent	24 Prozent
Keine Bindung	4 Prozent	9 Prozent	0 Prozent

Ausgewiesen ist der Anteil derjenigen, die die entsprechende Aussage auf einer Fünf-Punkte-Skala mit »Stimme vollständig zu« beantwortet hatten.

Basis: Arbeitnehmer ab 18 Jahre in der Bundesrepublik Deutschland

Kapitel 11
Die Vermessung der Führungskraft: Der typische Vorgesetzte

In den letzten Jahren erreichten uns immer wieder Anfragen mit der Fragestellung: Wie sieht die »typische« Führungskraft in Deutschland aus? Meist stand dabei das Bedürfnis nach Benchmarking im Vordergrund: Inwieweit unterscheiden sich die Führungskräfte des eigenen Unternehmens in Bezug auf Geschlecht, Alter, Länge der Betriebszugehörigkeit oder Führungsspanne vom Durchschnitt – um nur einige Merkmale zu nennen, denen großes Interesse entgegengebracht wurde. Vor einigen Jahren haben wir daher im Rahmen des Engagement Index damit begonnen, Daten über Führungskräfte zu erheben und sie gezielt zu bestimmten Sachverhalten zu befragen, um ein Bild vom typischen Vorgesetzten zeichnen zu können. Die im folgenden vorgenommene Vermessung von Führungskräften basiert dabei auf Daten aus unterschiedlichen Erhebungsjahren. Die ältesten nachfolgend verwendeten Daten gehen zurück bis ins Jahr 2014, die jüngsten stammen aus dem Jahr 2018. Alles in allem handelt es sich also um relativ »frisches« Zahlenmaterial, das als Vermessungsgrundlage herangezogen wurde.

Zuletzt (2018) hatte jeder dritte Arbeitnehmer (33 Prozent) in Deutschland eine Vorgesetztenfunktion inne, das heißt Personalverantwortung für Mitarbeiter. Zwei Drittel der Beschäftigten hierzulande hatten einen männlichen (68 Prozent) und ein Drittel einen weiblichen Vorgesetzten (32 Prozent) – im Jahr 2006 lag der Anteil derjenigen, die eine weibliche Führungskraft hatten, noch bei einem Viertel (23 Prozent). Die Daten legen nahe, dass die Zahl der weiblichen Führungskräfte im Zeitverlauf zwar zugenommen hat, aber Männer nach wie vor deutlich häufiger eine Vorgesetztenfunktion innehaben als Frauen.

Es überrascht also nicht, dass auch die typische Führungskraft im Jahr 2018 an einen männlichen Vorgesetzten berichtete (67 Prozent), der im Schnitt älter oder gleich alt war wie die befragte Führungskraft selbst (69 Prozent). Das Durchschnittsalter der typischen Führungskraft betrug zum Zeitpunkt der Befragung 45,6 Jahre. Die Hälfte der Beschäftigten mit Personalverantwortung erwies sich als formal hochgebildet (50 Prozent Abitur oder Studium), verfügte über ein unbefristetes Arbeitsverhältnis (93 Prozent) und arbeitete in Vollzeit (70 Prozent) bei einer durchschnittlichen Wochenarbeitszeit von 43 Stunden. Drei Viertel der Führungskräfte (75 Prozent) erklärten, dass ihre Arbeit es ihnen schon erlaube, ausreichend Zeit mit ihrer Familie und Freunden zu verbringen und sechs von zehn (60 Prozent) hielten sich durchaus für angemessen bezahlt.

Im Jahr 2016 gab die Mehrzahl der Vorgesetzten (65 Prozent) an, dass sie maximal für zehn Mitarbeiter verantwortlich waren – im Schnitt führten sie sieben Personen. Gallups Forschung zeigte mit Blick auf emotionale Bindung, dass die ideale Führungsspanne bei fünf bis zehn Mitarbeitern liegt.[81] 18 Prozent der Führungskräfte in Deutschland führten zum Erhebungszeitpunkt zwischen elf und 20 Mitarbeiter, 17 Prozent der Vorgesetzten waren für 21 und mehr Personen verantwortlich. Zwei Jahre zuvor (2014) erklärten 42 Prozent der Führungskräfte, dass die Personen, die an sie berichteten, selbst Führungsverantwortung hätten (Führungskraft von Führungskräften).

Der Großteil der Führungskräfte (57 Prozent) erklärte im 2018er Engagement Index, dass er bereits zehn Jahre oder länger für sein derzeitiges Unternehmen arbeitete. Die Mehrheit der Vorgesetzten (70 Prozent) bekundete vorbehaltlos, auch noch in drei Jahren für ihren derzeitigen Arbeitgeber tätig sein zu wollen. 14 Prozent der Führungskräfte gaben an, im Zeitraum von zwölf Monaten von einem Headhunter oder Personalberater Stellenangebote erhalten zu haben. Allerdings: Nur wenige Führungskräfte waren zu diesem Zeitpunkt aktiv auf der Suche nach einem neuen Arbeitsplatz (drei Prozent) oder hielten Augen und Ohren nach einem neuen Job offen (elf Prozent). Dies könnte darauf zurückgehen, dass sie bei ihrem Arbeitgeber eine berufliche Perspektive sahen. Denn 59 Prozent der Vorgesetzten stimmten der Aussage »Ich glaube, dass es für mich in meinem jetzigen Unternehmen genügend Möglichkeiten gibt, mich weiterzuentwickeln« zu. Trotzdem gaben, auf einer Fünf-Punkte-Skala, 63 Prozent der Führungskräfte bei der Aussage »Ich habe das nötige Training erhalten, um gute Arbeit leisten zu können« keine volle Punktzahl. Zwar hielt sich mehr als die Hälfte der Vorgesetzten (55 Prozent) für kompetent darin, die Aufgaben der Mitarbeiter zu erledigen, die ihnen zum Zeitpunkt der Befragung unterstellt waren, aber im Bereich »Führung« schien es ihnen an Unterstützung zu mangeln: 60 Prozent der im Jahr 2016 befragten Führungskräfte gaben an, in den letzten zwölf Monaten keine Weiterbildung besucht zu haben, die das Thema Verbesserung der Mitarbeiterführung zum Gegenstand hatte.

Aus den Daten des Jahres 2014 ging hervor, dass eine typische Führungskraft im Schnitt über 9,7 Jahre Führungserfahrung verfügte und vor der jetzigen Führungsposition bereits bei durchschnittlich 1,7 Unternehmen Führungskraft war.

Der Großteil der Vorgesetzten (64 Prozent) erklärte, dass er vor seiner Führungstätigkeit bei seinem derzeitigen Arbeitgeber eine Position ohne Vorgesetztenfunktion innehatte.

Beim Thema emotionale Bindung von Führungskräften ließen sich keine wesentlichen Unterschiede zu der von Beschäftigten ohne Führungsverantwortung feststellen: Der Anteil der Vorgesetzten mit hoher emotionaler Bindung lag zuletzt (2018) bei 16 Prozent. 72 Prozent der Führungskräfte waren emotional gering gebunden und zwölf Prozent wiesen keine emotionale Bindung auf.[82] Die Relevanz dieses Befundes wird im Kontext von Gallups Forschung deutlich: Je emotional gebundener die Führungskräfte sind, desto besser können diese wiederum ihre eigenen Mitarbeiter emotional binden. Mitarbeiter ohne Führungsverantwortung sind 59 Prozent häufiger emotional gebunden, wenn ihre Führungskraft ebenfalls emotional hoch gebunden ist.[83] Dies verdeutlicht, dass Unternehmen bei ihren Führungskräften ansetzen müssen, wenn sie die emotionale Bindung ihrer Belegschaft insgesamt steigern wollen.

Mit Blick auf das Führungsverhalten von männlichen und weiblichen Führungskräften zeigte sich jüngst (2018) wiederholt kein statistisch signifikanter Unterschied in Bezug auf die angestrebte Zielgröße »emotional hoch gebundene Mitarbeiter«. Dennoch war es der Hälfte der Arbeitnehmer (48 Prozent) hierzulande nicht egal, ob sie von einem Mann oder von einer Frau geführt wurden. Im Jahr 2015 fragten wir Beschäftigte danach, ob sie einen Mann oder eine Frau als Vorgesetzten bevorzugen würden, wenn sie sich das Geschlecht der Führungskraft aussuchen könnten: 34 Prozent der Arbeitnehmer wünschten sich einen Mann als Vorgesetzten, 14 Prozent hingegen hätten gerne eine Frau gehabt. Im Jahr 2006 war die Präferenz für eine männliche Führungskraft noch deutlich ausgeprägter. Damals wünschten sich 43 Prozent einen Mann als Chef. Die Vorliebe für eine weibliche Führungskraft hat sich im Betrachtungszeitraum nur geringfügig reduziert (2006: 16 Prozent; 2015: 14 Prozent). Jedem zweiten Arbeitnehmer (52 Prozent) war zum Zeitpunkt der Befragung das Geschlecht der Führungskraft gleichgültig. Vor rund zehn Jahren war die Gruppe der Präferenzlosen noch deutlich kleiner (42 Prozent) (Tabelle 13). Dies deutet darauf hin, dass weibliche Führungskräfte in der Arbeitswelt mehr und mehr an Akzeptanz gewonnen haben.

Männer sind im Vergleich zu Frauen deutlich präferenzloser, wenn es um das Vorgesetztengeschlecht geht (60 Prozent zu 42 Prozent). Bei jenen mit einer Geschlechterpräferenz zeigte sich damals wie zuletzt, dass sowohl Männer als auch Frauen eine männliche einer weiblichen Führungskraft vorziehen würden (Tabelle 13). Der Grund dafür könnte darin liegen, dass Mitarbeiter im Laufe ihres

Berufslebens mehr männliche als weibliche Führungskräfte erlebt haben – gilt es doch zu bedenken, dass zwei Drittel der Arbeitnehmer (68 Prozent) zuletzt einen männlichen Vorgesetzten hatten. Die Präferenz zugunsten einer männlichen Führungskraft könnte daher in der mangelnden Erfahrung mit weiblichen Führungskräften und daher dem »Unbekannten« gesucht werden.

Tabelle 13

	2015	2006	2015		2006	
	Gesamt	Gesamt	Männer	Frauen	Männer	Frauen
Männliche Führungskraft	34 Prozent	43 Prozent	30 Prozent	40 Prozent	35 Prozent	49 Prozent
Weibliche Führungskraft	14 Prozent	16 Prozent	10 Prozent	18 Prozent	13 Prozent	18 Prozent
Keine Präferenz	52 Prozent	42 Prozent	60 Prozent	42 Prozent	52 Prozent	33 Prozent

Fragestellung: »Einmal angenommen, Sie könnten sich Ihren Vorgesetzten/Ihre Vorgesetzte aussuchen, würden Sie es bevorzugen, einen Mann als Chef oder eine Frau als Chefin zu haben?«

Basis: Arbeitnehmer ab 18 Jahre in der Bundesrepublik Deutschland

Werden die Daten im Hinblick auf das derzeitige Geschlecht der Führungskraft betrachtet, zeigt sich für männliche und weibliche Vorgesetzte ein sehr unterschiedliches Bild: Arbeitnehmer, die einen männlichen Vorgesetzten hatten, würden auch weiterhin lieber unter einem Mann als unter einer Frau arbeiten (39 Prozent zu neun Prozent). Die Präferenz zugunsten eines Mannes als Chef hat gegenüber dem Jahr 2006 jedoch um neun Prozentpunkte abgenommen. Der Wunsch, anstelle einer männlichen Führungskraft lieber für eine Frau zu arbeiten hat sich hingegen weder vergrößert noch verkleinert (2006 und 2015: jeweils neun Prozent) (Tabelle 14). Arbeitnehmer mit einer weiblichen Führungskraft waren sich in der Geschlechterpräferenz des Vorgesetzten, wie auch schon im Jahr 2006, deutlich uneiniger: 29 Prozent hegten den Wunsch, auch weiterhin unter einer Frau zu arbeiten, wohingegen 23 Prozent lieber von einem Mann geführt werden wollten (Tabelle 14).

Diese Befunde zur Wechselwilligkeit als Indikator für eine insgesamt größere Zufriedenheit mit männlichen gegenüber weiblichen Führungskräften zu interpretieren, greift zu kurz. Denn bei der Gesamtzufriedenheit werden männliche und weibliche Vorgesetzte gleich gut bewertet. Bei der Gesamtzufriedenheit mit der Führungskraft zeigt sich bei der Bewertung kein statistisch signifikanter Unterschied zwischen Arbeitnehmern mit einer männlichen oder weiblichen

Führungskraft (3,82 zu 3,93 auf einer Fünf-Punkte-Skala, wobei 5 »äußerst zufrieden« bedeutet). Dies deckt sich mit früheren Befunden.[84]

Unabhängig vom derzeitigen Vorgesetztengeschlecht wird die Gruppe derer größer, die auf die Frage »Einmal angenommen, Sie könnten sich Ihren Vorgesetzten/Ihre Vorgesetzte aussuchen, würden Sie es bevorzugen, einen Mann als Chef oder eine Frau als Chefin zu haben?« die Antwortoption »Keine bestimmte Präferenz« wählte. Bei denjenigen mit einer männlichen Führungskraft stieg der Wert innerhalb von knapp zehn Jahren von 44 auf 53 Prozent, bei jenen mit einer weiblichen Führungskraft von 36 auf 48 Prozent (Tabelle 14).

Tabelle 14

	2015		2006	
	Derzeitiger Vorgesetzter ist …		Derzeitiger Vorgesetzter ist …	
	… ein Mann	… eine Frau	… ein Mann	… eine Frau
Männliche Führungskraft	39 Prozent	23 Prozent	48 Prozent	31 Prozent
Weibliche Führungskraft	9 Prozent	29 Prozent	9 Prozent	33 Prozent
Keine Präferenz	53 Prozent	48 Prozent	44 Prozent	36 Prozent

Fragestellung: »Einmal angenommen, Sie könnten sich Ihren Vorgesetzten/Ihre Vorgesetzte aussuchen, würden Sie es bevorzugen, einen Mann als Chef oder eine Frau als Chefin zu haben?«

Basis: Arbeitnehmer ab 18 Jahre in der Bundesrepublik Deutschland

Beim Blick auf die emotionale Bindung zwischen Arbeitnehmern, die von einer männlichen oder weiblichen Führungskraft geführt werden, zeigte sich im Hinblick auf die Gruppe »hohe Bindung« kein statistisch signifikanter Unterschied (14 Prozent zu 17 Prozent). Weibliche Führungskräfte motivierten zwar nicht besser als männliche, aber sie demotivierten dafür weniger als diese. Die Gruppe der »inneren Kündiger« war bei Arbeitnehmern, die unter einer männlichen Führungskraft arbeiteten, größer als bei Beschäftigten mit einer weiblichen Vorgesetzten (16 Prozent zu neun Prozent). Wird hohe emotionale Bindung als angestrebtes Ziel definiert, schnitten beide Geschlechter auf gleichem niedrigen Niveau ab. Weibliche Führungskräfte wiesen allerdings eine bessere Ausgangslage für die Zielerreichung auf. Bei ihnen war der Anteil der Mitarbeiter, die gering gebunden waren, größer als bei männlichen Vorgesetzten. Denn am schnellsten und einfachsten lassen sich diejenigen Mitarbeiter in die Kategorie »hohe Bindung« überführen, die zumindest eine geringe emotionale Bindung aufweisen und sich noch nicht komplett in die innere Kündigung verabschiedet haben. Das bedeutet aber nicht, dass sich mentale Aussteiger nicht auch zurückgewinnen lassen können.

Alles in allem ist und bleibt Führung – unabhängig vom Geschlecht der Führungskraft – eine der größten Baustellen in deutschen Unternehmen. Denn insgesamt sind nur 15 Prozent der Arbeitnehmer emotional hoch gebunden und damit mit Hand, Herz und Verstand bei der Arbeit.

Kapitel 12
Baustelle Führung – würden Sie Ihren Chef entlassen, wenn Sie könnten?

Mit dem Ausspruch »Büro ist Krieg« bringt es Schauspieler Christoph Maria Herbst alias Bernd Stromberg in der gleichnamigen *ProSieben*-Serie auf den Punkt und ist somit gleichzeitig zum Symbol des rundum unfähigen Vorgesetzten geworden. Fiktion und Wirklichkeit liegen jedoch nicht weit auseinander. Zuletzt (2016) hatten im Schnitt 18 Prozent der Arbeitnehmer in Deutschland innerhalb der vergangenen zwölf Monate daran gedacht, aufgrund ihres Vorgesetzten ihr derzeitiges Unternehmen zu verlassen. Im Managementbestseller *Erfolgreiche Führung gegen alle Regeln* haben Marcus Buckingham und Curt Coffman die Bedeutung der Führungskraft schon vor nahezu 20 Jahren thematisiert (1999): »Fähige Mitarbeiter brauchen fähige Vorgesetzte. Anlocken lässt sich ein guter Mitarbeiter gewiss aus den unterschiedlichsten Gründen [...]. Doch wie lange er bleibt und wie produktiv er in dieser Zeit ist, hängt in erster Linie von seinem Verhältnis zum disziplinarischen Vorgesetzten ab.«[85] Ihre Aussage hat unverändert Gültigkeit. Dementsprechend verwundert es nicht, dass deutlich mehr Mitarbeiter ohne emotionale Bindung (45 Prozent) als solche mit hoher emotionaler Bindung (drei Prozent) mit dem Gedanken spielten, ihren Arbeitgeber aufgrund ihrer Führungskraft zu verlassen. Wer kündigt, drückt damit häufig aus, dass er mit seinem Vorgesetzten und dessen Verhalten nicht einverstanden ist. Mitarbeiter verlassen in der Regel nicht das Unternehmen, für das sie tätig sind, sondern die Führungskraft, unter der sie arbeiten. Das belegt auch die Tatsache, dass fast jeder zweite Arbeitnehmer, der in einem Zeitraum von drei Jahren freiwillig den Arbeitgeber gewechselt hat, sich vorstellen kann, unter einem neuen Chef wieder für den ehemaligen Arbeitgeber zu arbeiten.[86]

Zuletzt (2018) war jeder vierte Arbeitnehmer (25 Prozent) mit seiner Führungskraft »äußerst zufrieden«. Die Gesamtzufriedenheit mit der Führungskraft ist das Ergebnis vielfältiger Ereignisse und Erfahrungen mit dem Vorgesetzten, die zu einem Gesamturteil verrechnet werden. Es handelt sich also um das »Gesamtpaket« Führungskraft. Wie zufrieden Mitarbeiter mit ihrem Vorgesetzten sind, hängt etwa davon ab, für wie kompetent sie diese halten, wie der Engagement Index 2014 zutage förderte. Von den Arbeitnehmern, die ihrer Führungskraft hohe Kompetenz im Ausführen der Mitarbeitertätigkeit bescheinigten, waren 41 Prozent mit ihrem Vorgesetzten »äußerst zufrieden«. Dies traf aber nur auf elf Prozent der Arbeitnehmer zu, die ihrem Vorgesetzen eine geringe Kompetenz zustanden. Insgesamt hielt jeder zweite Arbeitnehmer (52 Prozent) seine Führungskraft für hochkompetent, jeder elfte Beschäftigte (neun Prozent) bescheinigte ihr unterdessen eine geringe Kompetenz.

Ein weiterer Bestandteil, durch den der Gesamteindruck von der Führungskraft geprägt wird, ist der Führungsstil. Im Jahr 2016 zeigte sich, dass Beschäftigte, die sich von ihrer Führungskraft auf Augenhöhe – also als Partner – behandelt fühlten, mit ihrem Vorgesetzten deutlich zufriedener waren als Arbeitnehmer, bei denen die Führungskraft wortwörtlich das Sagen hat (äußerst zufrieden: 28 Prozent zu sieben Prozent). Die gute Nachricht: Der klassische Führungsstil per Anordnung und Ansage von oben nach unten war jüngst weniger verbreitet als noch in der Vergangenheit (2016: 23 Prozent; 2012: 29 Prozent; 2006: 56 Prozent). Zuletzt (2016) gaben drei Viertel der Arbeitnehmer (77 Prozent) an, sich von ihrer Führungskraft als Partner behandelt zu fühlen (2012: 71 Prozent; 2006: 44 Prozent). Demnach hat sich das Miteinander zwischen Führungskraft und Mitarbeiter im Laufe der Zeit deutlich gewandelt.

Allerdings: Nur jeder fünfte Arbeitnehmer (22 Prozent) war zuletzt (2018) aufgrund der Führung, die er am Arbeitsplatz erlebte, dazu motiviert, hervorragende Arbeit zu leisten. Dies entsprach dem Befund, der bereits zwei Jahre zuvor (2016) ermittelt wurde (21 Prozent). Im Jahr 2015 erklärten zwei von drei Beschäftigten (69 Prozent), dass sie im Laufe ihres Arbeitslebens mindestens einen schlechten Vorgesetzten hatten. Und der Engagement Index 2014 brachte hervor, dass ein Viertel der Beschäftigten (24 Prozent) schon einmal die Arbeitsstelle wegen eines Vorgesetzten gekündigt hatte, um das eigene Wohlbefinden zu verbessern. Das Selbstbild der Führungskräfte ist indes ein gänzlich anderes: 97 Prozent hielten sich im Jahr 2016 für eine gute Führungskraft.

Das Ergebnis des Engagement Index legt nahe, dass es ein Großteil der Führungskräfte nicht versteht, die Bedürfnisse ihrer Mitarbeiter zu adressieren und sie so emotional zu binden. Dementsprechend verwundert es nicht, dass der Wunsch der Arbeitnehmer, den eigenen Vorgesetzten zu entlassen, wenn dies möglich wäre, mit abnehmender Bindung größer wurde (hohe Bindung: zwei Prozent; geringe Bindung: acht Prozent; keine Bindung: 39 Prozent), wie die 2014er Befragungsdaten zeigten. Ob ein Mitarbeiter einem Unternehmen treu bleibt, steht und fällt mit der ganzheitlichen Erfüllung der zentralen emotionalen Bedürfnisse am Arbeitsplatz, wie die Gegenüberstellung verschiedener Gesichtspunkte ergab: Von Arbeitnehmern, deren zentrale emotionale Bedürfnisse bei der Arbeit konsequent erfüllt wurden, beabsichtigten nahezu 90 Prozent, in drei Jahren noch bei ihrem derzeitigen Arbeitgeber zu sein, während dies bei weniger als 70 Prozent der Beschäftigten der Fall war, die ihre Führungskraft als kompetent ansahen, ihr einen partnerschaftlichen Führungsstil bescheinigten oder sie als »gute« Führungskraft bezeichneten (Tabelle 15).

Tabelle 15	
	Aussage: »Ich beabsichtige, heute in drei Jahren noch bei meiner derzeitigen Firma zu sein.« (»Stimme vollständig zu«)
Konsequente Erfüllung der zentralen Bedürfnisse am Arbeitsplatz (hohe emotionale Bindung)	87 Prozent
Arbeitnehmer, die ihren Vorgesetzten als »gute Führungskraft« bezeichneten*	69 Prozent
Arbeitnehmer, die angaben, dass ihre Führungskraft sie als »Partner« behandelte**	68 Prozent
Arbeitnehmer, die ihrer Führungskraft eine hohe fachliche Kompetenz bescheinigten***	67 Prozent

* Fragestellung: »Wie beurteilen Sie Ihre derzeitige Führungskraft? Würden Sie sagen, dass Ihr direkter Vorgesetzter/Ihre direkte Vorgesetzte eine gute oder eine weniger gute Führungskraft ist?« (2015)

** Fragestellung: »Behandelt Ihr Vorgesetzter Sie bei der Arbeit eher als Untergebener oder als Partner?« (2015)

*** Fragestellung: »Wie kompetent ist Ihr Vorgesetzter in Bezug auf die Arbeit, die von Ihnen selbst verlangt wird: hoch kompetent, durchschnittlich kompetent oder gering kompetent?« (2015)

(Die Antwortvorgaben rotierten von Interview zu Interview.)

Basis: Arbeitnehmer ab 18 Jahre in der Bundesrepublik Deutschland

Eine bewusstere Auseinandersetzung mit dem Thema Führung ist daher notwendig, um die Anzahl der emotional hoch gebundenen Beschäftigten zu steigern. Der Erfüllungsgrad der zentralen emotionalen Bedürfnisse hat maßgeblich Einfluss auf die Gesamtzufriedenheit mit der Führungskraft: Von den emotional hoch gebundenen Mitarbeitern waren zuletzt (2018) 45 Prozent mit ihrem Vorgesetzten »äußerst zufrieden«, bei den emotional nicht gebundenen Mitarbeitern traf dies hingegen nur auf sechs Prozent zu. Ein Großteil der Führungskräfte sah allerdings keinen Unterstützungsbedarf in eigener Sache oder ihre Arbeitgeber erkannten den Bedarf nicht: Nur 40 Prozent der im Jahr 2016 befragten Führungskräfte gaben an, in den letzten zwölf Monaten an einer Weiterbildung teilgenommen zu haben, um ihre Mitarbeiterführung zu verbessern.

SCHLECHTE NOTEN FÜR FÜHRUNGSKRÄFTE

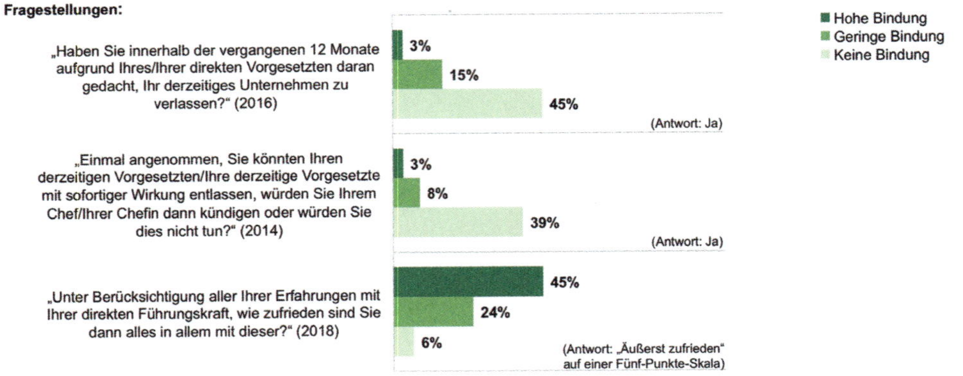

Basis: Arbeitnehmer ab 18 Jahre in der Bundesrepublik Deutschland

FÜHRUNGSKRÄFTE: DURCHAUS POSITIVES GESAMTURTEIL

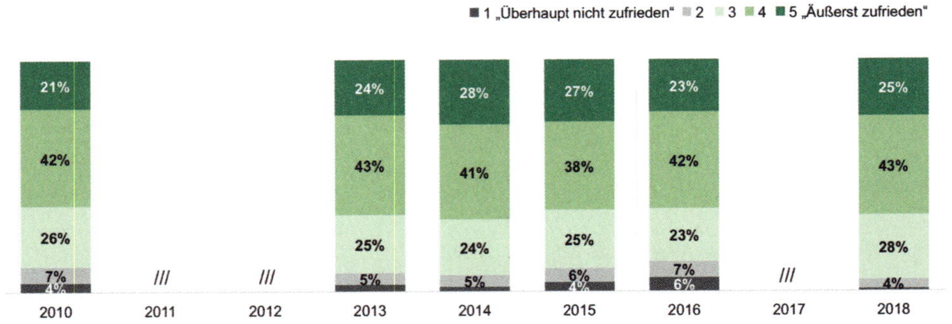

Fragestellung: „Unter Berücksichtigung aller Ihrer Erfahrungen mit Ihrem direkten Vorgesetzen bzw. Ihrer direkten Vorgesetzten, wie zufrieden sind Sie dann alles in allem mit diesem bzw. dieser?“

Prozentwerte werden ausgewiesen, wenn ≥ 4 %
/// in 2011, 2012 und 2017 nicht erhoben

Basis: Arbeitnehmer ab 18 Jahre in der Bundesrepublik Deutschland

PARTNER ODER BOSS?

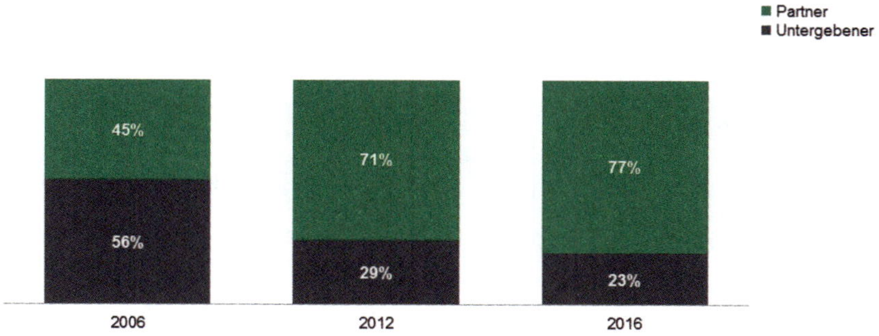

Fragestellung: „Behandelt Ihr Vorgesetzter/Ihre Vorgesetzte Sie bei der Arbeit eher als Untergebener/Untergebene oder als Partner/Partnerin?"

Basis: Arbeitnehmer ab 18 Jahre in der Bundesrepublik Deutschland

ERLEBTE FÜHRUNG MOTIVIERT NICHT DAZU, DAS BESTE ZU GEBEN

Aussage: „Die Führung, die ich bei der Arbeit erlebe, motiviert mich, hervorragende Arbeit zu leisten."

Basis: Arbeitnehmer ab 18 Jahre in der Bundesrepublik Deutschland

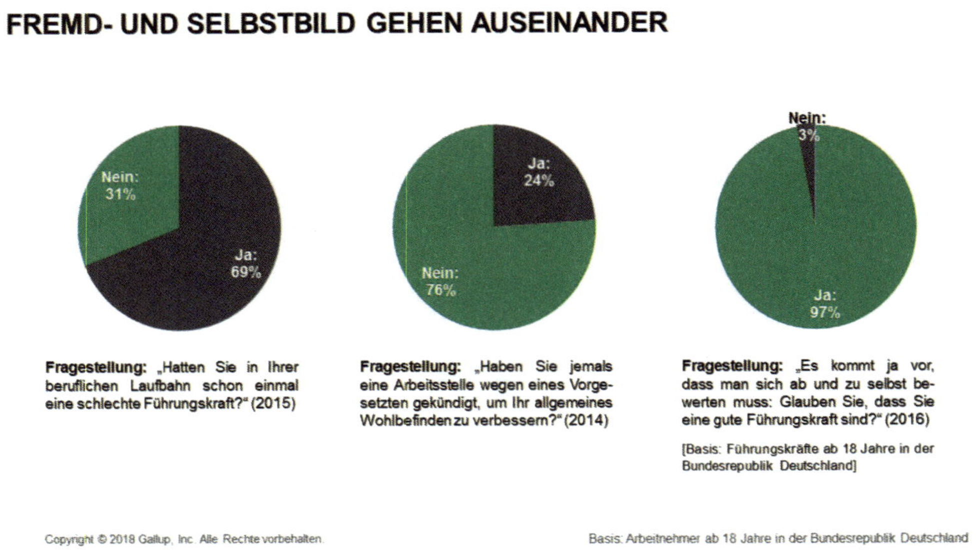

Defizite in vielen Bereichen

Unternehmen und Führungskräfte müssen sich bewusst werden, dass sich emotionale Mitarbeiterbindung nur erzielen lässt, wenn die zentralen emotionalen Bedürfnisse am Arbeitsplatz konsequent erfüllt werden. Und genau das ist die Kernaufgabe guter Führung.

Eine Führungskraft, die beispielhaft führt, klärt Erwartungen, definiert gemeinsam mit den Mitarbeitern klare und erreichbare Ziele, setzt Prioritäten, steckt Verantwortlichkeiten ab und sorgt dafür, dass alles vorhanden ist, was effektives und effizientes Arbeiten ermöglicht. Sie unterstützt die persönliche wie die fachliche Weiterentwicklung, erkennt Stärken und Talente, fordert und fördert ihre Mitarbeiter entsprechend und setzt sie dort ein, wo sie ihre Stärken und Talente am besten nutzen können. Ein guter Vorgesetzter fragt seine Mitarbeiter nach ihrer Meinung und hört ihnen zu. Darüber hinaus sieht er stets auch den Menschen hinter der Arbeitskraft, zeigt Wertschätzung für dessen Leistung und gibt regelmäßig konstruktive Rückmeldung. Weiterhin vermittelt er seinen Mitarbeitern sowohl die Ziele des Arbeitgebers als auch den wesentlichen Sinn ihrer eigenen Tätigkeit für den Unternehmenserfolg und schafft ein vertrauensvolles Arbeitsumfeld.

Gute Führung orientiert sich stets am Menschen. Und Menschen sind verschieden. Sie haben zwar grundsätzlich die gleichen emotionalen Bedürfnisse, aber unterschiedliche Präferenzen, wie diese am besten zu erfüllen sind. Beispiel

Wertschätzung: Es gibt Mitarbeiter, die positives Feedback für gute Arbeit im Vieraugengespräch wünschen, andere bevorzugen Lob und Anerkennung vor ihrem Team, der Abteilung oder dem gesamten Unternehmen, und wieder andere präferieren die Schriftform, wie der Engagement Index 2006 ergab (Tabelle 16). Es ist daher sinnvoll, jeden Mitarbeiter zu fragen, wie er oder sie gerne gelobt werden möchte. Alternativ könnte man fragen, was das bisher bedeutungsvollste sowie unangenehmste Lob war. Grundsätzlich und für alle gilt, dass Lob an ein bestimmtes Ereignis gebunden, zeitnah erfolgen, ernst gemeint, gut begründet und konkret formuliert sein sollte.

Tabelle 16

	Präferierte Möglichkeit der Aussprache von Lob und Anerkennung für gute Arbeit Antwort mit »Ja«
Unter vier Augen	88 Prozent
Schriftlich	55 Prozent
Vor der Familie, Freunden oder andere für mich wichtige Personen	53 Prozent
Vor einer Gruppe	40 Prozent

Fragestellung: »Ich lese Ihnen nun einige Möglichkeiten vor, wie Lob und Anerkennung für gute Arbeit ausgesprochen werden können. Sagen Sie mir bitte für jede dieser Möglichkeiten, ob Sie diese persönlich bevorzugen oder ob Sie diese persönlich nicht bevorzugen. Wie steht es mit …?« (2006)

Basis: Arbeitnehmer ab 18 Jahre in der Bundesrepublik Deutschland

Gerade Mitarbeiter, die innerlich gekündigt haben, hören Lob eher selten, wie nachfolgendes Beispiel zeigt, das auf Daten des Jahres 2018 basiert. Der Aussage »Ich habe in den letzten sieben Tagen für gute Arbeit Anerkennung und Lob bekommen« stimmten 79 Prozent der emotional hoch gebundenen Mitarbeiter uneingeschränkt zu – bei den emotional nicht gebundenen Arbeitnehmern hingegen kein einziger. Ähnlich verhält es sich, wenn es um konstruktives Feedback geht: 86 Prozent der emotional hoch gebundenen Mitarbeiter stimmten der Aussage uneingeschränkt zu, dass sie in den letzten sechs Monaten Rückmeldung zu ihrer Arbeitsleistung bekommen hatten. In der Gruppe der emotional nicht Gebundenen waren es unterdessen nur vier Prozent. Führungskräfte müssen sich mit ihren Mitarbeitern und deren Arbeit auseinandersetzen und regelmäßig Feedback geben. Seinen Mitarbeitern dann und wann im Vorbeigehen auf die Schulter zu klopfen oder sich einmal im Jahr mit ihnen für ein Mitarbeitergespräch zusammenzusetzen genügt nicht. Woher sollen Mitarbeiter wissen, wo sie stehen? Was sie weniger gut machen? Was sie gut machen? Loben ist eine der wirkungsvollsten Formen der Wertschätzung. Wird etwa die Leistung von Mitarbeitern nicht anerkannt, sehen sie keinen Grund mehr, sich zu bemühen. Entsprechend geht die Lust an der Arbeit verloren. Die Folge: Erst Apathie, später Frust und dann »innere Kündigung«.

Es gibt aber durchaus Vorbehalte, es könnte ein Zuviel an Lob geben. Jede zweite Führungskraft (50 Prozent) gab im Engagement Index 2014 an, dass man eine Person zu viel loben kann. Vermutlich hat diese Auffassung mit der Angst zu tun, dass Mitarbeitern durch zu viel Lob der Ansporn genommen werden könnte. Dazu passt, dass im Jahr 2005 nur jeder zweite Vorgesetzte der Aussage »In den letzten 24 Stunden habe ich jemanden gelobt« ohne Wenn und Aber zustimmte.

Diese Vorbehalte gilt es zu überwinden. Lob muss zwar immer authentisch sein, aber wenn es einen Anlass gibt, dann sollte auch gelobt werden. Als soziales Wesen lebt der Mensch davon, wertgeschätzt zu werden. Erlebte Bestätigung führt im Übrigen, wie der Engagement Index 2005 ergab, dazu, dass sich Arbeitnehmer ebenfalls anerkennend verhielten. Zwei Drittel der Arbeitnehmer (66 Prozent) stimmten damals der Aussage »Wenn ich Anerkennung bekomme, möchte ich auch anderen Anerkennung geben« zu. Dies führt zu einer wertschätzenden Kultur, weil anderen Aufmerksamkeit geschenkt wird, wodurch sie selbstbewusster und leistungsstärker gemacht werden. Lob und Anerkennung für gute Arbeit sollte daher zum Standard in jedem Unternehmen auf jeder Ebene gehören.

Weiterhin gaben jüngst (2018) lediglich vier Prozent der Beschäftigten ohne emotionale Bindung an, dass sich jemand bei der Arbeit für sie als Mensch interessierte – bei den emotional hoch gebundenen Mitarbeitern waren es 80 Prozent. Kein einziger Arbeitnehmer ohne emotionale Bindung, aber 73 Prozent der emotional hoch gebundenen Beschäftigten erklärten, dass es jemanden im Unternehmen gebe, der die persönliche Entwicklung fördert. Dabei zeigt unsere Forschung: Gute Führungskräfte führen regelmäßig Gespräche mit ihren Mitarbeitern. Dabei gilt der Grundsatz »Wenig reden, viel zuhören«. Ein Arbeitnehmer will nicht als ausführende Nummer gesehen werden, sondern als Person mit individuellen Bedürfnissen. Wer informelle Gespräche führt und auf Mitarbeiter zugeht, vermittelt echtes Interesse an den Belangen des Beschäftigten. Grundsätzlich gehört dazu auch, Mitarbeiter mit Namen zu begrüßen und ein paar arbeitsferne Sätze zu wechseln. Dies ist nicht nur eine Frage der Höflichkeit, sondern des respektvollen Miteinanders. Der Aussage »Bei der Arbeit werde ich immer mit Respekt behandelt« stimmten 82 Prozent der emotional hoch gebundenen Arbeitnehmer uneingeschränkt zu – bei den emotional nicht gebundenen Beschäftigten waren es lediglich neun Prozent.

Auch das Gefühl, unterstützt und gefördert zu werden, ist immens wichtig. Menschen wollen spüren, dass sie persönlich und fachlich weiterkommen können und dass sich jemand diesbezüglich mit ihnen als Individuum auseinandersetzt. Hierbei geht es nicht ausschließlich um Beförderungen, sondern auch um Entwicklungsmöglichkeiten innerhalb der derzeitigen Position. Dementsprechend wichtig ist es, nicht nur Chancen zum Lernen und Weiterentwickeln zu bieten, sondern auch eine betreuende Unterstützung in der persönlichen und fachlichen Entwicklung. In der Praxis empfiehlt sich ein Notizbuch, in dem Einzelheiten zum Mitarbeiter notiert werden. Feedback und Entwicklungspläne lassen sich damit auf Beobachtungen beziehen. Dies fördert den Eindruck: »Ich sehe, was du, lieber Mitarbeiter, tust.« Auch hilft es dabei, Mitarbeiter individuell zu behandeln, weil mitarbeiterspezifische Besonderheiten oder Erfordernisse erfasst oder bestimmte Situationen festgehalten werden können.

Idealerweise sollte eine Führungskraft nicht mehr als maximal zehn Mitarbeiter führen, sonst ist es schwer, jedem Menschen individuell gerecht zu werden. Denn Führung erledigt sich nicht nebenbei, sondern ist mit Zeit und Mühe verbunden. Als Daumenregel gilt: ein Drittel bis die Hälfte ihrer Zeit sollten Führungskräfte ausschließlich mit Führung verbringen.

Babyboomer im Abseits?

Unternehmen fällt es immer schwerer, geeignetes Personal zu finden. Der zunehmende Fachkräftemangel ist auch eine Folge des demografischen Wandels: Die Anzahl jüngerer Erwerbspersonen und Berufseinsteiger sinkt. Unternehmen müssen sich in Zukunft darauf einstellen, in größerem Umfang als bisher ältere Mitarbeiter zu beschäftigen. So hat sich der Anteil älterer Arbeitnehmer (50 Jahre und darüber) zwischen 2000 und 2016 von 21,0 Prozent auf 35,3 Prozent erhöht.[87]

Seit dem Jahr 2012 analysieren wir den Engagement Index mit Blick auf die verschiedenen Generationen. Am Ergebnis von damals hat sich bis heute wenig verändert. Die Babyboomer wiesen in der jüngsten Auswertung verglichen mit den beiden jüngeren Generationen – Generation X und Y – den niedrigsten Anteil an emotional hoch gebundenen Beschäftigten (Babyboomer: 13 Prozent; Generation X: 15 Prozent; Generation Y: 17 Prozent) und den höchsten Anteil an Mitarbeitern ohne Bindung auf (Babyboomer 18 Prozent; Generation X: 15 Prozent; Generation Y: zwölf Prozent).

Bei einigen der zentralen Faktoren, die über die emotionale Mitarbeiterbindung entscheiden, hatten die Babyboomer wesentlich schlechtere Werte als die Generation Y (nach 1980 geborenen). Generell lässt sich sagen: Die Babyboomer erhielten seltener positives Feedback für gute Arbeit und weniger konstruktive Rückmeldungen zur Arbeitsleistung. Zudem hatten sie seltener das Gefühl, unterstützt und gefördert zu werden, Neues zu lernen und sich weiterentwickeln zu können. Anders ausgedrückt: Die ältere Arbeitnehmergeneration fühlt sich von den Führungskräften vernachlässigt. Die Babyboomer stellen einen nicht unerheblichen Teil der Beschäftigten, werden aber durch die nachfolgenden Generationen zunehmend vom Aufmerksamkeitsradar verdrängt und drohen ins Abseits zu geraten. Der Grund hierfür könnte darin liegen, dass Führungskräfte fälschlicherweise häufig der Auffassung sind, dass ältere Mitarbeiter aufgrund ihrer Lebens- und Berufserfahrung weniger Orientierung, Unterstützung und Aufmerksamkeit benötigen. Doch die Erfüllung dieser Bedürfnisse ist unabhängig vom Alter.

BABY BOOMER IM ABSEITS?

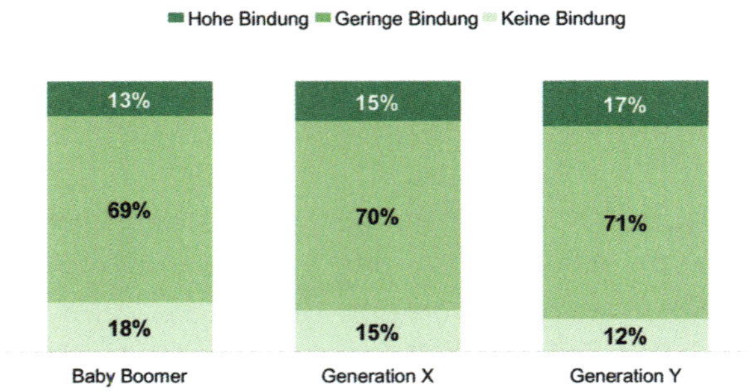

Basis: Arbeitnehmer ab 18 Jahre in der Bundesrepublik Deutschland

Konfliktpotenzial: Junge Führungskräfte treffen auf ältere Mitarbeiter

Die Hälfte der Befragten (48 Prozent) gab zuletzt (2018) an, dass sie von einer Führungskraft geführt wurde, die älter als sie selbst war. 27 Prozent der Beschäftigten hatten einen jüngeren Vorgesetzten und nahezu ebenso viele (25 Prozent) berichteten davon, dass ihre Führungskraft in etwa gleichaltrig war. Während die unter 30-Jährigen mehrheitlich (84 Prozent) von einer älteren Führungskraft als sie selbst geführt wurden, waren die über 50-Jährigen größtenteils (56 Prozent) einem jüngeren Vorgesetzten unterstellt. Dabei gaben die Jüngeren vornehmlich an, dass ihre Führungskraft wesentlich älter war als sie selbst (62 Prozent; etwas älter: 38 Prozent), wohingegen die Älteren eher davon berichteten, von etwas jüngeren Vorgesetzten geführt zu werden (60 Prozent; wesentlich jünger: 40 Prozent).

Die Konstellation »jüngere Führungskraft, älterer Mitarbeiter« bedeutet, dass die Statuskongruenz verletzt wird. Denn Führung ist ein klares Rangordnungssignal, weil es mit Lenkung und Steuerung verbunden ist. In der Gruppe ist es traditionell üblich, dass der Älteste wegen seiner Erfahrung und Expertise den Ton an- und den Weg vorgibt. Eine jüngere Führungskraft weicht von dieser Norm ab. Um dieser Situation zu begegnen, empfiehlt es sich, als junge Führungskraft ältere Mitarbeiter in der Kennenlernphase danach zu fragen, was sie von der Führungskraft brauchen und konkret erwarten, damit sie ihre Arbeit gut erledigen können. Die Spannung, die die Paarung »jüngere Führungskraft, älterer Mitarbeiter« mit sich bringen kann, verlangt von der jüngeren Führungskraft im Arbeitsalltag Fingerspitzengefühl. Der Umgang miteinander sollte auf Augenhöhe stattfinden und ältere Mitarbeiter für ihre Erfahrung wertgeschätzt und anerkannt werden. Dabei ist es als jüngere Führungskraft hilfreich, älteren Mitarbeitern Respekt zu zollen, indem sie ihre Erfahrung und ihr Wissen einbeziehen und ihren Rat einholen. Wenn der ältere Mitarbeiter unterstützen konnte, sollte dies auch wertgeschätzt werden. Dies lässt sich durch einfache Kommunikation zum Ausdruck bringen wie zum Beispiel: »Das hat mir geholfen«, »Das hat mich beeindruckt« oder »Danke, daran hatte ich gar nicht gedacht«.

Auch neigt der Mensch dazu, sich ständig mit anderen zu vergleichen.[88] Jüngere Führungskräfte konfrontieren ältere Mitarbeiter daher mit ihrer eigenen Karriere. Ihnen wird im Arbeitsalltag ständig vor Augen geführt, dass sie selbst auf der Karriereleiter langsamer vorangekommen sind. Das kann sich auf das Selbstbewusstsein auswirken. Je größer der Altersunterschied, desto intensiver dürften diese Gefühle werden. Zur Erinnerung: Die über 50-Jährigen waren mehrheitlich (56 Prozent) einem jüngeren Vorgesetzten unterstellt, wobei 40 Prozent dieser Personen sagten, dass dieser viel jünger war als er selbst. Dementsprechend wichtig ist es, dass sich Unternehmen dieses Konfliktpotenzials bewusst werden und ihre Altersstruktur der Belegschaft analysieren.

Kapitel 13
Performance-Management neu gedacht

Die 3 Z der guten Führung[89]

Zielorientierung, *Zuständigkeit* und *Zugänglichkeit* – diese drei Aspekte geben Führungskräften Anhaltspunkte für ihr Führungsverhalten und haben nachweislich einen Effekt auf die emotionale Mitarbeiterbindung, wie aus dem Engagement Index 2014 hervorgeht. Anhand der besagten Kriterien können Unternehmen Führungskräfte (weiter-)entwickeln, weil sie dabei helfen, »Führung« handhabbar zu machen.

Zielorientierung ist für die Arbeit unerlässlich. Mitarbeiter benötigen mehr als nur die schriftlich formulierte Stellenbeschreibung, um ihre Rolle auszufüllen. Mitarbeiter wollen von ihren Führungskräften einen klaren Orientierungsanker: Was? Wie viel? Und bis wann? Führungskräfte, die Zielorientierung geben, sorgen für Klarheit, unterstützen ihre Mitarbeiter, ihre Arbeit zu strukturieren und zu priorisieren. Zielorientierung ist die Grundlage von guter Führung.

Zuständigkeit steht dafür, dass Führungskräfte das Tagesgeschäft kennen und wissen, an welchen Aufgaben und Projekten Mitarbeiter gerade arbeiten. Beide Seiten wissen so, wer wofür verantwortlich ist. Kommunikation und Austausch durch Besprechungen helfen dabei, dass alle denselben Wissensstand über die Frage der Zuständigkeit haben.

Zugänglichkeit bedeutet, dass der Vorgesetzte ein offenes Ohr für die Belange der Mitarbeiter hat – nicht nur in Bezug auf Themen, die die eigentliche Arbeit betreffen, sondern auch in Bezug auf Lebenssituationen. Er muss unkompliziert anzusprechen oder zu erreichen sein und zeitnah Anliegen klären oder Fragen der Mitarbeiter beantworten. Reibungslose Kommunikation ist auch in dieser Hinsicht die Voraussetzung für eine »gesunde« Beziehung zwischen dem Mitarbeiter und der Führungskraft.

Die 3 Z sind für Unternehmen von großer Bedeutung, denn sie haben maßgeblichen Einfluss auf die emotionale Bindung von Mitarbeitern. Je besser eine

Führungskraft die Kriterien der 3 Z aus Sicht des Mitarbeiters erfüllt, desto höher ist auch seine emotionale Bindung, was die nachfolgenden Beispiele zur Zielorientierung zeigen:

- Von den Befragten, die der Aussage »Meine Führungskraft unterstützt mich dabei, Prioritäten bei meiner Arbeit festzulegen« vollständig zustimmten (Bewertung mit 5 auf einer Fünf-Punkte-Skala), hatten 38 Prozent eine hohe emotionale Bindung. Von den Mitarbeitern, die die Aussage kritisch bewerteten (Bewertung mit 1, 2 oder 3 auf einer Fünf-Punkte-Skala), waren nur vier Prozent emotional hoch gebunden.

- Von den Beschäftigten, die der Aussage »Meine Führungskraft unterstützt mich dabei, Leistungsziele zu definieren« uneingeschränkt zustimmten, wiesen 41 Prozent eine hohe emotionale Bindung auf. Von den Befragten, die dieser Aussage widersprachen, waren nur vier Prozent emotional hoch gebunden.

- Von den Befragten mit Vorgesetzten, die den Fokus auf ihre Stärken legten, wiesen 36 Prozent eine hohe Bindung auf. Von den Mitarbeitern, bei denen dies nicht zutraf, waren nur zwei Prozent emotional hoch gebunden.

Die Daten zu den 3 Z zeigten, dass Führungskräfte im Arbeitsalltag besonders gut darin waren, zu wissen, an welchen Aufgaben und Projekten ihre Mitarbeiter gerade arbeiteten: Sieben von zehn Beschäftigten (71 Prozent) gaben an, dass ihre Führungskraft volle Kenntnis über das operative Tagesgeschäft hatte. Hierzu trug sicherlich bei, dass zwei Drittel der Arbeitnehmer sich täglich mit ihrer Führungskraft persönlich, per Telefon oder digital austauschten und ein weiteres Fünftel dies zumindest wöchentlich tat. Weiter taten sich Führungskräfte in Deutschland positiv hervor, wenn es um die Reaktionszeit ging: 60 Prozent der Mitarbeiter stimmten voll und ganz zu, dass sie innerhalb von 24 Stunden Rückmeldung zu Anliegen oder Fragen von ihrem Vorgesetzten bekamen.

Weniger gut waren Führungskräfte hingegen im Bereich Zielorientierung, was auf Defizite im Performance-Management hindeutet. Nur 32 Prozent der Mitarbeiter waren ausdrücklich der Meinung, dass ihre Vorgesetzten sie dabei unterstützten, Leistungsziele zu definieren. Außerdem wurden von ihren Führungskräften nur 38 Prozent der Mitarbeiter vollständig unterstützt, Prioritäten festzulegen. Und nur 37 Prozent der Mitarbeiter stimmten uneingeschränkt der Aussage zu: »Mein Vorgesetzter/Meine Vorgesetzte legt den Schwerpunkt auf meine Stärken und positiven Eigenschaften.« Gute Führung setzt aber gerade darauf, dass sich Mitarbeiter mit Dingen beschäftigen, die sie gut machen. Sie unterstützt den Einzelnen bei der Entfaltung seiner Möglichkeiten und Potenziale. Jeder Mensch verfügt über stabile, einzigartige und nur begrenzt erlernbare Gedanken- und Verhaltensmuster. Aus diesen Talenten lassen sich – in Kombination mit Fertigkeiten und Wissen – Stärken entwickeln.[90]

Wie die Erfahrung zeigt, neigen viele Mitarbeiter dazu, die eigenen Stärken zu unterschätzen oder sich dieser nicht bewusst zu sein. An dieser Stelle sind die Führungskräfte gefragt. Sie sollten ihre Mitarbeiter dabei beobachten, wie diese bestimmte Aufgaben lösen, und wiederkehrende Muster erkennen, die sie mit ihren Mitarbeitern besprechen. Auf diese Art und Weise lässt sich ausmachen, welche Aufgaben dem Talent entsprechen und welche die natürliche Leistungsstärke bremsen. Die meisten Arbeitnehmer entdecken nämlich erst im Verlauf ihres Berufslebens ihre Stärken, und zwar durch »Versuch und Irrtum«. Die Aufgabe von Führungskräften besteht darin, diesen Prozess abzukürzen, indem sie jedes Teammitglied bei ihrer Selbsterkenntnis unterstützen.

Allerdings erklärte im Jahr 2014 nur jede dritte Führungskraft (33 Prozent) in Deutschland, dass sie ihren Schwerpunkt eher auf die Stärken ihrer Mitarbeiter legte. Der Anteil der Mitarbeiter, der nach eigenen Angaben in den vergangenen drei Monaten mit ihrem Vorgesetzten ein Feedbackgespräch über ihre Stärken hatte, lag gerade einmal bei 21 Prozent. Meist nehmen sich Führungskräfte nicht genug Zeit, um ihre Mitarbeiter kennenzulernen: Was treibt sie an? Welche Tätigkeiten ziehen sie an und warum tun sie dies? Was macht ihnen bei der Arbeit besonders große Freude und was fällt ihnen besonders leicht? Bei welchen Aufgaben erzielen sie aus welchen Gründen die besten Ergebnisse? Was raubt ihnen Energie? Wenn eine Führungskraft solche Fragen stellt, wird sie viel darüber erfahren, mit welchen Aufgaben sie bei ihren Mitarbeitern Freude und Spaß an der Arbeit erzeugen kann. Das bedeutet allerdings nicht, Schwächen zu ignorieren. Nur Mitarbeiter, die ihre Defizite kennen, können diese durch Zusammenarbeit mit Kollegen ausgleichen. Mitarbeiter müssen entsprechend ihrer Stärken bestmöglich im Team eingesetzt werden. Erfolgreiche Teams bestehen in der Regel aus Personen, die sich gut ergänzen. Aber nicht einmal jeder dritte Arbeitnehmer (29 Prozent) kannte im Jahr 2014 die Stärken und Talente seiner Kollegen. Nur wenn Mitarbeiter Kenntnis darüber haben, welche Stärken und Talente die Personen in ihrem Umfeld haben, wissen sie, wie diese denken und handeln. Dementsprechend kommt es seltener zu Missverständnissen und damit zu Reibungsverlusten, was sich positiv auf die Zusammenarbeit auswirkt. Führungskräfte sollten daher den Austausch über Stärken und Talente im Team fördern.

DIE 3 Z DER GUTEN FÜHRUNG: ZIELORIENTIERUNG

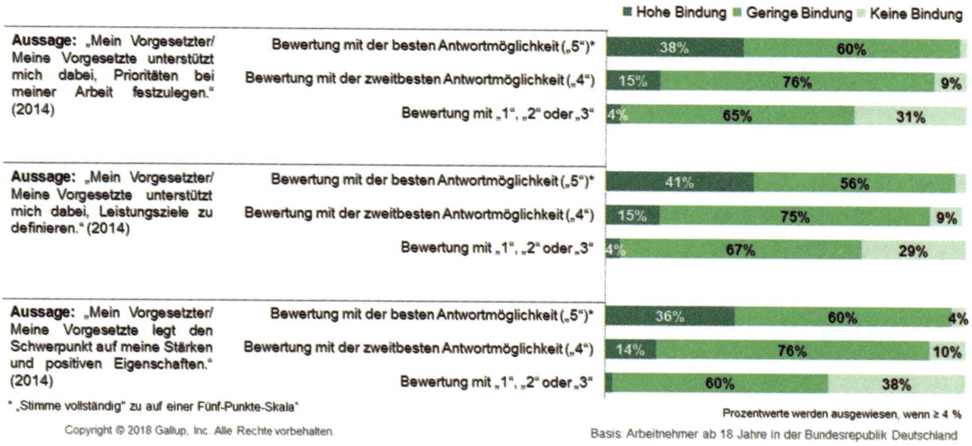

DIE 3 Z DER GUTEN FÜHRUNG: ZUSTÄNDIGKEIT

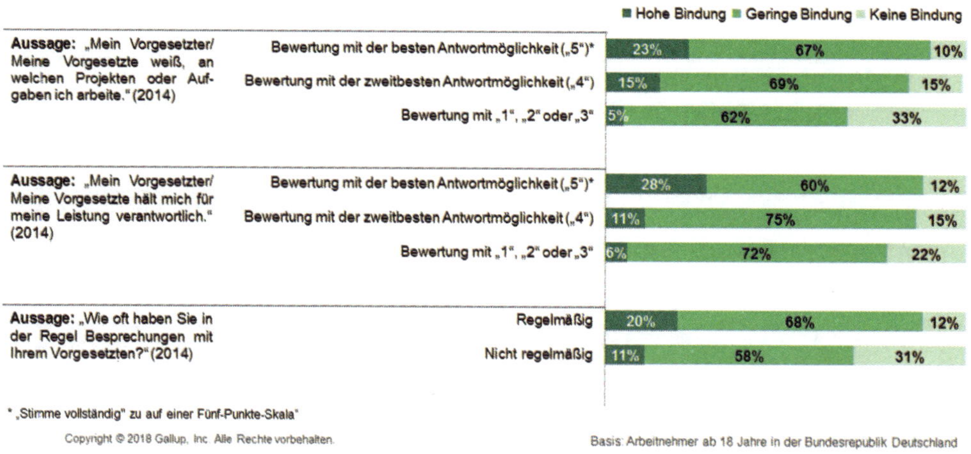

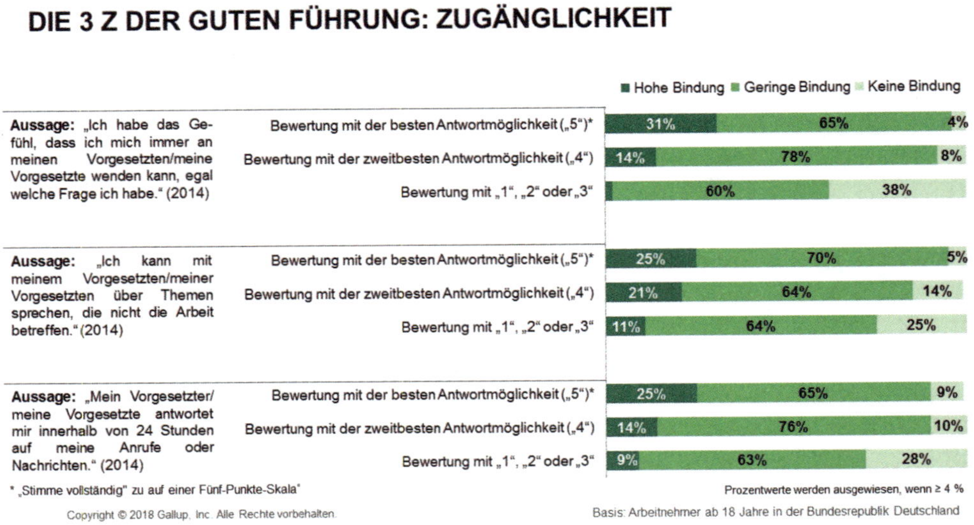

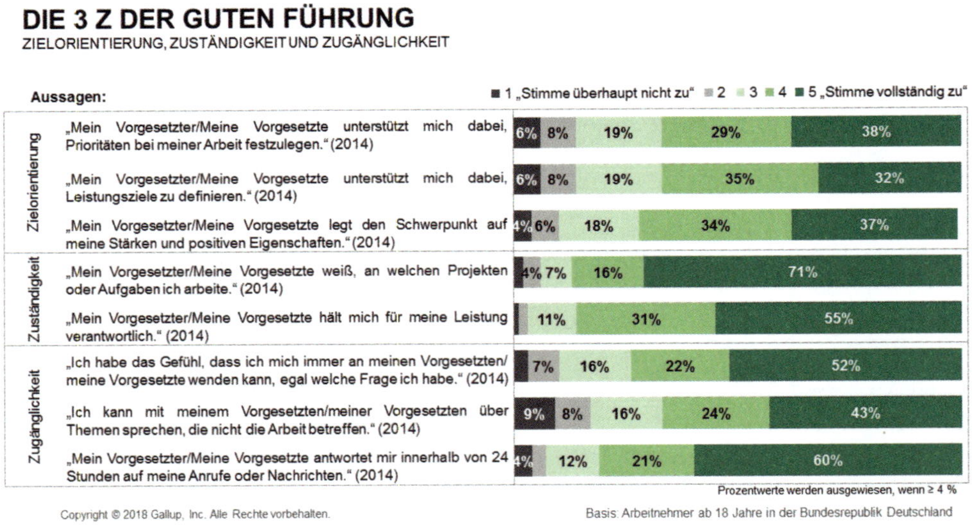

Stärken-Orientierung bedeutet ferner, einen Handlungsrahmen zu definieren, in dem Mitarbeiter mit eigenen Ideen die vorgegebenen Ziele erreichen können. Leider werden oft Entwicklungsprogramme aufgesetzt, die alle Mitarbeiter in der gleichen Rolle über einen Kamm scheren: »Jeder kann alles lernen, wenn er nur will.« – »Die Besten gelangen alle auf dem gleichen Weg ans Ziel.« – »Das

Ausgleichen von Schwächen führt zum Erfolg.« Wenn wir an unseren Schwächen arbeiten, ist der Weg zur Verbesserung grundsätzlich steiniger, als wenn wir unsere Stärken entwickeln – und führt dadurch leichter zur Frustration. Außerdem ist es leichter, Stärken weiterzuentwickeln, als Schwächen auszugleichen.

Das Fokussieren auf Stärken bedeutet allerdings nicht, die eigenen Schwächen zu ignorieren. Im Gegenteil müssen sich Mitarbeiter auch ihrer »blinden Flecken« bewusst werden. Nur so können sie entscheiden, ob diese für das eigene Fortkommen oder auch in der Zusammenarbeit mit den Kollegen ein Hindernis darstellen und wie sich dieses Hindernis umgehen lässt. In keinem Fall jedoch ist es zielführend, zu viel Energie, Zeit und finanzielle Mittel in die Behebung von Schwächen zu investieren. Letztendlich erreicht der Mitarbeiter in diesem Bereich höchstens Mittelmaß.

Zielorientierung ist ein wichtiger Baustein erfolgreicher Führung, weil sie dem Mitarbeiter Freiräume gibt und ihm eigenverantwortliches Arbeiten ermöglicht. Beschäftigte wollen Arbeitsabläufe mitgestalten und in Entscheidungen eingebunden werden. Arbeitnehmer, die an der Gestaltung der Ziele beteiligt sind oder diese Ziele sogar selbst bestimmen, werden sie konsequenter verfolgen. Allerdings fühlten sich im Jahr 2016 nur ein Drittel der Arbeitnehmer von der Führungskraft beim Festlegen der Arbeitsziele eingebunden. Wenn diese Freiräume fehlen, läuft häufig die Forderung nach unternehmerischem Denken ins Leere. Führungskräfte, die über »Ziele« führen, müssen freilich die Zielerreichung regelmäßig überprüfen. Mitarbeitergespräche sind daher ein wesentliches Führungsinstrument.

Update für das Performance-Management[91]

Allerdings werden Mitarbeitergespräche gar nicht oder nur unzureichend geführt, wie aus dem Engagement Index 2016 hervorging. Gerade einmal 56 Prozent der Arbeitnehmer gaben an, dass sie im letzten Jahr mit ihrem Vorgesetzten ein Gespräch über ihre Leistung geführt haben. In der Regel beschränkte sich die Konversation zwischen Führungskraft und Mitarbeiter, wenn sie denn stattfand, auf einen Termin (40 Prozent) oder zwei jährliche Gespräche (20 Prozent). Ein regelmäßiger Austausch mit der Führungskraft über das Jahr hinweg fand nur bei 14 Prozent der Mitarbeiter statt.

Dabei ist der Austausch zwischen Führungskraft und Mitarbeiter ein wichtiger Hebel, um emotionale Bindung zu erhöhen. Unter den Mitarbeitern, deren Vorgesetzter in den vergangenen zwölf Monaten ein Gespräch über die Arbeitsleistung führte, lag der Anteil der emotional hoch gebundenen Mitarbeiter bei 21 Prozent. Fand im letzten Jahr kein Gespräch statt, betrug der Anteil der emotional hoch gebundenen Mitarbeiter nur neun Prozent. Und: Je häufiger Mitarbeitergespräche stattfanden, desto höher war die emotionale Bindung. 41 Prozent der Arbeitnehmer, die angaben, dass ihr Vorgesetzter in den letzten zwölf Monaten mindestens fünf Mal mit ihnen im Austausch stand, wiesen eine hohe emotionale Bindung auf. Unter denjenigen, die nur ein Gespräch geführt hatten, lag der Wert hingegen nur bei elf Prozent. Ob ein oder zwei Mitarbeitergespräche geführt wurden, machte dabei keinen großen Unterschied (elf Prozent zu 13 Prozent).

Die regelmäßige Rückmeldung zeigt einem Mitarbeiter, dass gesehen wird, was er tut. Die Führungskraft nimmt sich Zeit für ihn und bringt ihm Aufmerksamkeit entgegen, wodurch er sich wahrgenommen fühlt. Darüber hinaus braucht es den kontinuierlichen Dialog, um auf sich verändernde Anforderungen reagieren zu können. Nur wenn Unternehmen Entscheidungen schnell treffen und umsetzen, werden sie auf den immer schnelllebigeren Märkten bestehen können. Ziele lassen sich daher kaum noch auf ein ganzes Jahr festlegen, weil sie bereits nach einigen Monaten überholt sind. Das klassische Performance-Management mit Zielfestlegung zu Jahresbeginn und Überprüfung der Zielerreichung im Rahmen eines Mitarbeitergesprächs zum Jahresende bedarf daher eines »Updates«.

Die Anzahl der Gespräche zu erhöhen, reicht jedoch bei Weitem nicht aus. Auch bei der Qualität des Dialogs gibt es Verbesserungsbedarf. Zum Zeitpunkt der Befragung empfand nur jeder dritte Beschäftigte (31 Prozent) die Rückmeldung seines Vorgesetzten als relevant für seine Arbeit. Gerade einmal 38 Prozent fanden, das Feedback helfe ihnen, die Arbeit zu verbessern. Doch genau das sollte das Resultat eines Mitarbeitergesprächs sein: die individuellen Leistungspotenziale der Mitarbeiter freizusetzen und zur Entwicklung des Einzelnen beizutragen. Die Daten legen daher nahe, dass Führungskräfte besser befähigt werden müssen, Leistungsgespräche zu führen.

Arbeitnehmer, die aus den Leistungsgesprächen mit ihrem Vorgesetzten inhaltlich etwas mitnahmen, wiesen eine deutlich höhere emotionale Bindung auf als Beschäftigte, bei denen dies nicht der Fall war: 36 Prozent der Arbeitnehmer, die der Aussage »Mein Vorgesetzter/Meine Vorgesetzte gibt mir relevante Rückmeldung zu meiner Arbeit« uneingeschränkt zustimmten, waren emotional hoch gebunden, aber nur zwei Prozent derjenigen, die die entsprechende Aussage kritisch bewerteten. Oder: 32 Prozent der Beschäftigten, die der Aussage »Die Rückmeldung, die ich zu meiner Arbeit bekomme, hilft mir, meine Arbeit besser zu machen« uneingeschränkt zustimmten, waren emotional hoch gebunden. Von denjenigen, die die Aussage kritisch bewerteten – mit 1, 2 oder 3 – waren lediglich drei Prozent mit Hand, Herz und Verstand bei der Arbeit.

Vor dem Hintergrund, dass Mitarbeitergespräche ihr Ziel verfehlen, stellt sich die Frage nach dem Kosten-Nutzen-Verhältnis dieses zentralen Personalinstruments. Dementsprechend verwundert es nicht, dass aus der Studie *Hoyak Monitor Performance-Management* hervorging, dass nur jedes vierte Unternehmen in der DACH-Region sein Performance-Management-System mit »sehr gut« oder »gut« bewertete.[92]

Wenn Quantität und Qualität zusammenkommen, ergibt sich für die emotionale Bindung das beste Ergebnis. 57 Prozent derjenigen, die in den letzten zwölf Monaten fünf oder mehr Gespräche mit ihrer Führungskraft hatten und gleichzeitig sagten, dass sie von ihrem Vorgesetzten relevante Rückmeldung zur Arbeit bekommen haben und diese dabei geholfen hat, die Arbeit besser zu machen, wiesen eine hohe emotionale Bindung auf. Dementsprechend müssen Mitarbeitergespräche regelmäßiger geführt und effektiver gestaltet werden, sodass Mitarbeiter aus diesen Gesprächen inhaltlich etwas für sich und ihre Arbeit mitnehmen können.

Meist fokussieren sich Führungskräfte auf die Schwächen ihrer Mitarbeiter. Nur wenig Zeit wird in der Regel auf Fragen verwendet wie: Was lief gut? Warum lief es gut? Welche Stärken zeigt der Mitarbeiter? Wie bei einem Coaching sollten sich Leistungsgespräche an den Stärken orientieren, denn hier liegt, wie bereits weiter oben erwähnt, das größte Potenzial. Der Aussage »Mein Vorgesetzter/Meine Vorgesetzte legt den Schwerpunkt auf meine Stärken und positiven Eigenschaften« stimmte im Jahr 2016 allerdings nur jeder dritte Arbeitnehmer (35 Prozent) uneingeschränkt zu. Der Zustimmungswert erwies sich damit im Vergleich zu vorangegangenen Erhebungen auf unverändert niedrigem Niveau (2013: 32 Prozent; 2010: 33 Prozent; 2008: 35 Prozent). Daher war es auch nicht verwunderlich, dass sich der größte Teil der Beschäftigten (65 Prozent), wenn sie eine Liste mit ihren Stärken und Schwächen erhielten, sich zuerst mit den Schwächen beschäftigten.

Von Mitarbeitern, die erklärten, dass sich ihre Führungskraft auf ihre Stärken und positiven Eigenschaften konzentrierte, gaben 58 Prozent an, dass sie ohne Wenn und Aber jeden Tag die Möglichkeit hatten, das zu tun, was sie am besten können. Von denjenigen, die der Auffassung waren, dass sich ihre Führungskraft nicht besonders mit ihren Stärken und positiven Eigenschaften auseinandersetzte, hatten jedoch nur 17 Prozent den Eindruck, dass sie uneingeschränkt jeden Tag die Gelegenheit dazu hatten, das zu tun, was sie am besten können.

Die Vermutung liegt also nahe, dass sich Mitarbeiter dann richtig eingesetzt fühlen, wenn ihnen vor Augen geführt wird, wie erfolgreich sie sind und was exakt zu ihrem Erfolg beigetragen hat. So bekommen sie die Möglichkeit, mehr von dem zu tun, was Erfolg versprechend ist. Die positive Verstärkung des eigenen Verhaltens führt letztendlich dazu, selbst zu erkennen, wo die eigenen Potenzialfelder liegen. Erhält der Mitarbeiter überwiegend schwächenbasiertes Feedback, weiß er zwar zumindest, wie er etwas nicht machen soll. Es bleibt ihm aber weiterhin unklar, wie er noch erfolgreicher werden kann. Selbstverständlich kann man auch an Schwächen arbeiten, aber der Lernprozess ist deutlich frustrierender, der Fortschritt langsamer und das Ergebnis eher durchschnittlich statt hervorragend. Wenn Korrekturen an der Leistung vonnöten sind, sollte besprochen werden, was zukünftig anders oder besser gemacht werden kann (Hinweise und Anregungen), als auf den »Fehlern« der Vergangenheit herumzureiten. Grundsätzlich sollte Verbesserungspotenzial immer zeitnah angesprochen werden, sodass Mitarbeiter das aus dem Feedback »Gelernte« umgehend im Arbeitsalltag umsetzen können.

In der Regel hat jeder Beschäftigte das Ziel, die eigene Person zu entwickeln, und will dabei wahrgenommen und unterstützt werden. Führungskraft und Mitarbeiter sollten daher gemeinsam identifizieren, wie die Stärken des Mitarbeiters noch besser entfaltet und genutzt werden können, und zwar im Sinne des Unternehmens. Es gilt, die Mitarbeitergespräche daher als Förder- und Entwicklungsgespräche anzulegen, in denen regelmäßig die Erwartungen, Erfolge und Hürden im Mittelpunkt stehen. Der Blick muss dabei immer in die Zukunft und auf das Potenzial einer Person gerichtet werden. Daran lassen sich dann Schulungen und Entwicklungsprogramme ableiten. Arbeitnehmer werden nur dann Spitzenleistung erbringen, wenn sie ihre individuellen Talente schleifen.

Darüber hinaus fühlen sich Mitarbeiter oft falsch bewertet oder sehen ihre Leistung nicht adäquat abgebildet. Zwar besteht, wie in Kapitel 1 dargestellt, der Eindruck, dass man in Deutschland durch Leistung etwas erreichen kann, aber die im eigenen Unternehmen gemachte Erfahrung deckt sich mit dieser Auffassung nicht. Im Jahr 2015 glaubte nur jeder dritte Arbeitnehmer (34 Prozent), dass in seinem Unternehmen besonders leistungsstarke Mitarbeiter auch schneller vorankamen. Als Gründe für die Diskrepanz lässt sich ein Mangel an Transparenz und Defizite in der Kommunikation sowie eine falsche Leistungseinschätzung seitens der Mitarbeiter vermuten. Dies wiederum kann damit zusammenhängen, dass es an regelmäßiger Rückmeldung fehlt, wo Mitarbeiter stehen.

Häufig fehlen auch objektive Kriterien, um die eigene Leistung richtig einzuschätzen. Weniger als die Hälfte der Mitarbeiter (42 Prozent) gab im Jahr 2015 zu Protokoll, dass ihre Leistung anhand von Daten und Kennzahlen gemessen oder erfasst würde. Wo dies doch der Fall war, wurde die individuelle Leistung zumeist mit der von anderen Mitarbeitern im Unternehmen verglichen (42 Prozent). Allerdings fand auch ein Vergleich mit Kollegen statt, wenn keine objektive Datengrundlage gegeben war. Fast jeder dritte Arbeitnehmer (29 Prozent) erklärte, dass er mit anderen im Unternehmen verglichen wurde, obwohl seine Leistung bei der Arbeit nicht anhand von Daten und Kennzahlen gemessen und erfasst worden war. Solche Vergleiche sind subjektiv – und daher wenig transparent. Hinzu kommt, dass nur 16 Prozent der Beschäftigten der Ansicht waren, sie könnten die Arbeitsergebnisse, an denen sie gemessen werden, selbst beeinflussen, wie der Engagement Index 2018 zutage förderte. Und: Nur jeder vierte Beschäftigte (24 Prozent) stimmte in der gleichen Befragung vollends der Aussage zu: »Die Leistungsbeurteilungen, die ich erhalte, sind fair.« Da scheint es wenig verwunderlich, dass die gegebenen Beurteilungen als wenig inspirierend empfunden wurden, die eigene Leistung zu verbessern. Nur jeder fünfte Beschäftigte (19 Prozent) gab bei dieser Aussage auf einer Fünf-Punkte-Skala die Höchstwertung ab.

Bei Performance-Metriken gilt daher sicherzustellen, dass sie den Beitrag, den ein Mitarbeiter für das Unternehmen leistet, widerspiegeln. Erwartungen und Ergebnisse sollten durch mitarbeiterspezifische Ziele individualisiert und gemeinsam definiert werden, und zwar unter Berücksichtigung von fachlicher Expertise, Erfahrung und dem Entwicklungsbedarf. Dabei ist es wichtig, den Mitarbeiter zu fragen, an welchen Kriterien er selbst seinen Erfolg messen würde. Zeichnet sich ab, dass ein Mitarbeiter seine Ziele nicht erreicht, sollte die Führungskraft die Hintergründe in Erfahrung bringen und den Mitarbeiter unterstützen. Dementsprechend wichtig ist, dass der Austausch zwischen Mitarbeiter und Führungskraft kontinuierlich über das Jahr hinweg stattfindet.

Führungskräfte sollten in ihren Dialog auch die Rückmeldung aus verschiedenen Blickwinkeln berücksichtigen – Kollegen aus dem eigenen Team sowie Kollegen an den Schnittstellen zu anderen Abteilungen und Bereichen, die mit den jeweiligen Mitarbeitern regelmäßig zusammenarbeiten, aber auch Kunden und Lieferanten oder Vertreter anderer Touchpoints. Dies hilft dabei, den Mitarbeitern ganzheitliches Feedback geben zu können.

Ein derartiger Dialog stellt neue Anforderungen an Vorgesetzte. Unternehmen müssen daher sicherstellen, dass Führungskräfte in der Lage sind, diese Gespräche zu führen. Hierzu müssen sie theoretisch und praktisch befähigt und auf ihrem Weg zum »Coach« der Mitarbeiter begleitet werden. Dazu gehört auch, dass sich Führungskräfte über Sinn und Zweck des Mitarbeitergesprächs klar werden: Es ist kein Pflichttermin, sondern ein wichtiges Personalinstrument, um die Performance der Mitarbeiter zu maximieren.

MITARBEITERGESPRÄCHE SIND NICHT DIE NORM

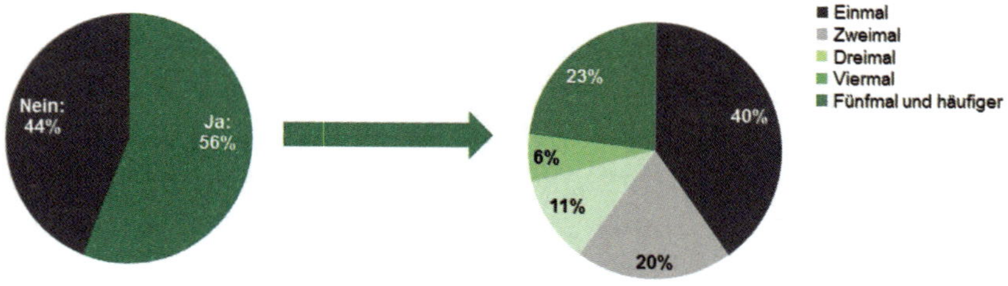

Fragestellung: „Hat Ihr Vorgesetzter/Ihre Vorgesetzte mit Ihnen in den letzten 12 Monaten ein Gespräch über Ihre Leistung bei der Arbeit geführt?" (2016)

Fragestellung: „Wie oft hat Ihr Vorgesetzter/Ihre Vorgesetzte mit Ihnen in den letzten 12 Monaten ein Gespräch über Ihre Leistung bei der Arbeit geführt?" (2016)

[Arbeitnehmer, die in letzten 12 Monaten ein Mitarbeitergespräch mit ihrer Führungskraft geführt haben.]

Basis: Arbeitnehmer ab 18 Jahre in der Bundesrepublik Deutschland

MITARBEITERGESPRÄCHE FÖRDERN BINDUNG, ABER DIE REGELMÄSSIGKEIT IST ENTSCHEIDEND

Fragestellung: „Hat Ihr Vorgesetzter/Ihre Vorgesetzte mit Ihnen in den letzten 12 Monaten ein Gespräch über Ihre Leistung bei der Arbeit geführt?" (2016)

Fragestellung: „Wie oft hat Ihr Vorgesetzter/Ihre Vorgesetzte mit Ihnen in den letzten 12 Monaten ein Gespräch über Ihre Leistung bei der Arbeit geführt?" (2016)

[Arbeitnehmer, die in letzten 12 Monaten ein Mitarbeitergespräch mit ihrer Führungskraft geführt haben.]

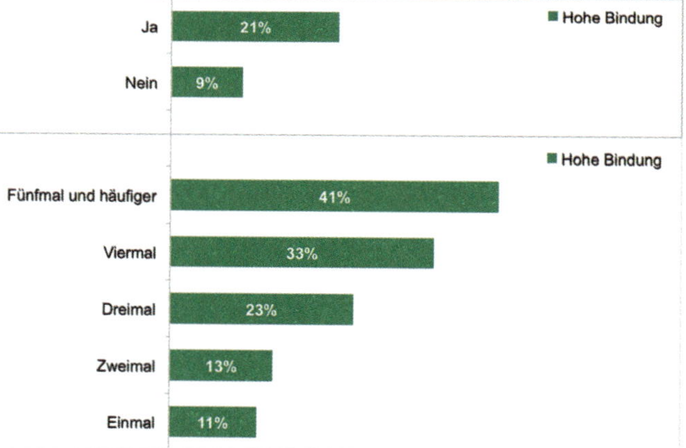

Basis: Arbeitnehmer ab 18 Jahre in der Bundesrepublik Deutschland

FEEDBACK HILFREICH, ABER NUR, WENN DIE QUALITÄT STIMMT (1)

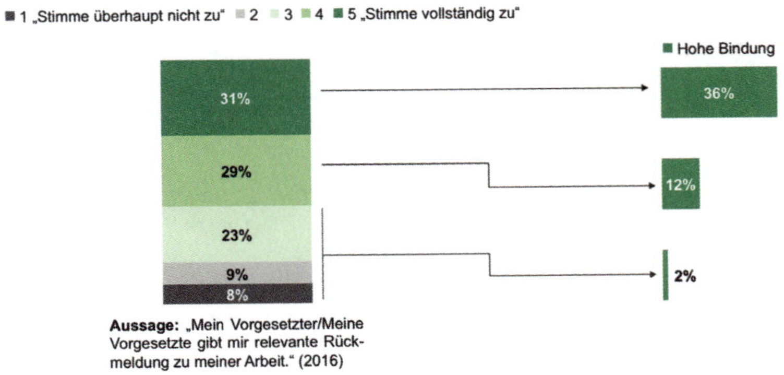

Basis: Arbeitnehmer ab 18 Jahre in der Bundesrepublik Deutschland

FEEDBACK HILFREICH, ABER NUR, WENN DIE QUALITÄT STIMMT (2)

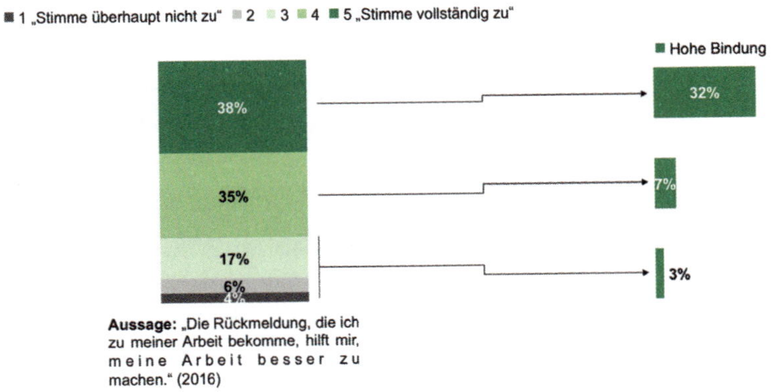

Basis: Arbeitnehmer ab 18 Jahre in der Bundesrepublik Deutschland

FEHLENDE OBJEKTIVITÄT IN DER LEISTUNGSBEURTEILUNG

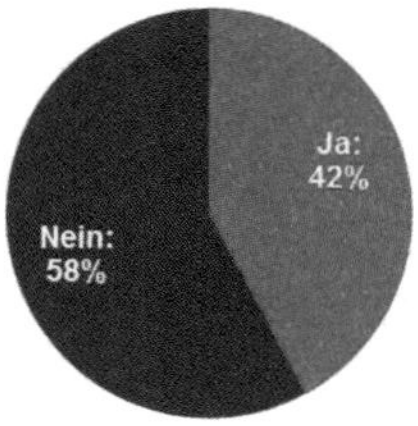

Fragestellung: „Wird Ihre Leistung bei der Arbeit anhand von Daten oder Kennzahlen gemessen oder erfasst?" (2015)

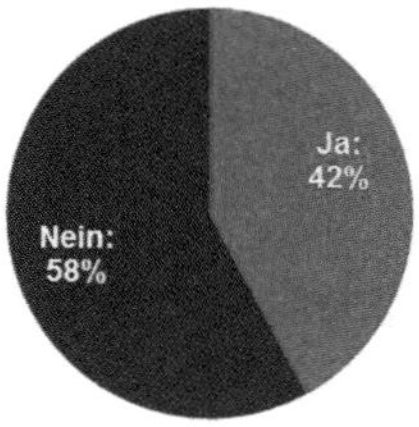

Fragestellung: „Wird Ihre Leistung bei der Arbeit mit anderen Mitarbeitern in Ihrem Unternehmen verglichen?" (2015)

Basis: Arbeitnehmer ab 18 Jahre in der Bundesrepublik Deutschland

KEINE DATENGRUNDLAGE, TROTZDEM VERGLEICH MIT ANDEREN

Fragestellung: „Wird Ihre Leistung bei der Arbeit anhand von Daten oder Kennzahlen gemessen oder erfasst?" (2015)

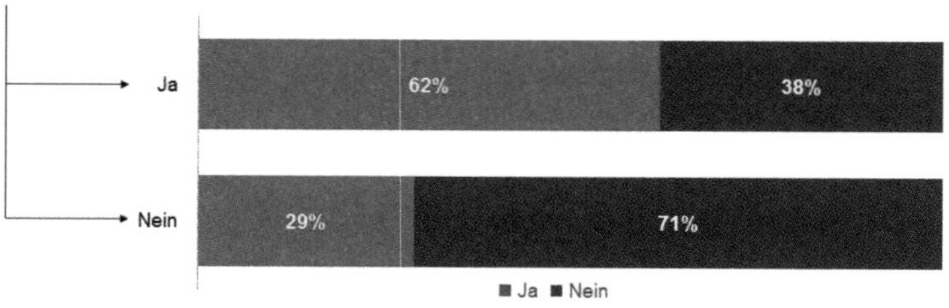

Fragestellung: „Wird Ihre Leistung bei der Arbeit mit anderen Mitarbeitern in Ihrem Unternehmen verglichen?" (2015)

Copyright © 2018 Gallup, Inc. Alle Rechte vorbehalten.

Basis: Arbeitnehmer ab 18 Jahre in der Bundesrepublik Deutschland

PERFORMANCE MANAGEMENT AUF DEN PRÜFSTAND STELLEN

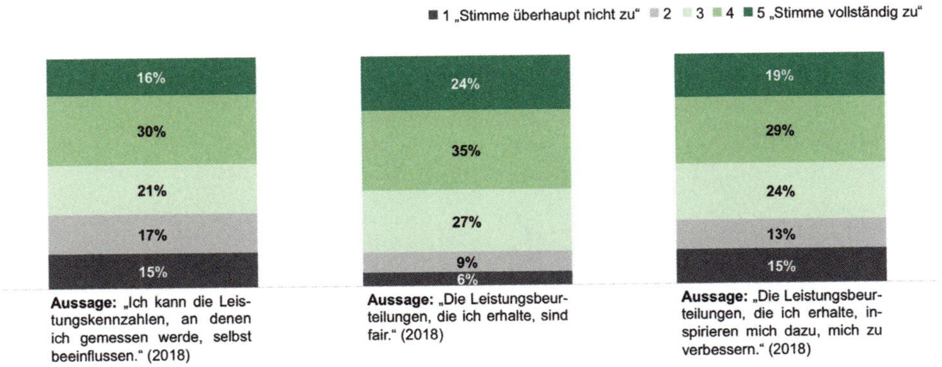

Basis: Arbeitnehmer ab 18 Jahre in der Bundesrepublik Deutschland

Kapitel 14

Der Weg zur Agilität führt über einen Kulturwandel[93]

Die meisten Unternehmen werden sich in den nächsten Jahren stark verändern, um in einer Welt, die als Folge von Globalisierung und Digitalisierung zunehmend volatiler, unsicherer, komplexer und mehrdeutiger wird, zu bestehen. Dabei besteht der Spagat für viele traditionsreiche und etablierte Unternehmen meist darin, dass sie einerseits in ihrem Kerngeschäft effizient und stabil bleiben und andererseits neue Geschäftsmodelle und Produkte beziehungsweise Dienstleistungen entwickeln müssen. Der von außen getriebene Wandel zieht auch Veränderungen innerhalb des Unternehmens nach sich, und zwar in Prozessen, Strukturen und Arbeitsbeziehungen. Das weitverbreitete Verständnis ist daher, dass Unternehmen agil organisiert sein müssen. Agilität bedeutet, schnell auf Veränderungen reagieren zu können, und wird durch interdisziplinäre Teams, eigenständiges Arbeiten, das Teilen von Wissen, enge Zusammenarbeit und schnelle Entscheidungsfindung definiert.

Angesichts von zunehmendem Spezialwissen, das für die Bewältigung von Herausforderungen und Problemlösungen notwendig ist, sind interdisziplinäre Teams die logische Konsequenz. Dementsprechend werden abteilungsübergreifende Tätigkeiten zunehmen und Abteilungsgrenzen verschwimmen. Zuletzt arbeitete nahezu jeder fünfte Beschäftigte (17 Prozent) täglich in verschiedenen Teams mit unterschiedlichen Personen zusammen. Bei einem Drittel der Arbeitnehmer (35 Prozent) war dies zumindest manchmal der Fall. Jeder zehnte Beschäftigte (zwölf Prozent) arbeitete mit Personen zusammen, die an eine andere Führungskraft berichten als er selbst. Auch steigt der Bedarf eigenverantwortlich handelnder Mitarbeiter, da die sich ständig ändernden äußeren Rahmenbedingungen und die kontinuierliche Komplexitätszunahme die Vorhersagbarkeit und Steuerung von Entwicklungen erschwert. Dies hat zur Folge, dass Unternehmen nicht alles von oben nach unten bis zum letzten Glied in der Kette durchdefinieren können. Sie müssen ihre Mitarbeiter daher dazu befähigen und ihnen die Freiheit einräumen, selbstständig Entscheidungen zu treffen und autonom zu arbeiten. Allerdings fühlt sich nur ein kleiner Teil der Beschäftigten in Deutschland tatsächlich dazu befähigt. Lediglich jeder dritte Arbeitnehmer (33 Prozent) stimmte der Aussage »In meinem Unternehmen wird denjenigen vertraut, Entscheidungen zu treffen, die mit der jeweiligen Aufgabe am vertrautesten sind« ohne Wenn und Aber zu, wie aus dem Engagement Index 2018 hervorging. Dies legt den Schluss nahe, dass Führungskräfte Mitarbeitern kaum Vertrauen entgegenbringen und meist jeden Schritt anweisen, überwachen und überprüfen.

Um den heutigen Herausforderungen gerecht zu werden, bedarf es ferner, Abteilungen und Bereiche, die als Silos agieren, aufzubrechen. Damit sich das im Unternehmen verteilte (Spezial-)Wissen effektiv zusammenführen lässt, sind die Bereitschaft zum (Wissens-)Austausch und zu schnittstellenübergreifender Kooperation unumgänglich. Allerdings berichtet ein nicht unerheblicher Teil der Arbeitnehmer hierzulande von diesbezüglichen Barrieren. Der Aussage »In meinem Unternehmen teilen wir Informationen, Wissen und Ideen offen miteinander« stimmten jüngst nur vier von zehn Beschäftigten (39 Prozent) uneingeschränkt zu. Und nur jeder vierte Arbeitnehmer (26 Prozent) erklärte, dass er mit der Zusammenarbeit zwischen seiner Abteilung und anderen Abteilungen, mit denen zusammengearbeitet wird, zufrieden ist. Die sich aus dem (Wissens-) Austausch und der Kooperation ergebenden verschiedenen Perspektiven und Blickwinkel sowie die damit verbundene gegenseitige Stimulation helfen in der Regel dabei, sich gegenseitig auf neue Ideen zu bringen, aber auch neue Ideen kritisch auf ihren Erfolg hin zu überprüfen. Neues oder Verbesserungen entstehen meist nur, wenn vermeintliche Gewissheiten und Routinen infrage gestellt werden. Dafür ist jedoch ein Umfeld entscheidend, dass offen für Vorschläge ist und Mitarbeiter dazu ermuntert, diese einzubringen. Aber nur vier von zehn Beschäftigten (41 Prozent) fühlten sich hierzulande zuletzt ermutigt, Verbesserungen einzubringen. Zu einer innovationsfreundlichen Kultur gehört ferner, wie mit Fehlern umgegangen wird. Die Fehlerkultur in Deutschland ist allerdings deutlich verbesserungswürdig. Der Aussage »Mein Unternehmen schafft ein Arbeitsumfeld, in dem sich Mitarbeiter und Mitarbeiterinnen ausprobieren, scheitern und aus Fehlern lernen können« stimmte jüngst lediglich jeder fünfte Beschäftigte (20 Prozent) ohne Vorbehalt zu.

Um auf dem Markt erfolgreich zu sein, müssen Chancen und Risiken schnell erkannt und auf sie ebenso zügig reagiert werden. Die Mitarbeiter hierzulande berichten jedoch von langsam ablaufenden Entscheidungsfindungsprozessen. Der Aussage »Ich bin mit der Geschwindigkeit, mit der bei uns am Arbeitsplatz Entscheidungen getroffen werden, zufrieden« stimmten nur 19 Prozent der Arbeitnehmer uneingeschränkt zu. An dieser Auffassung hat sich gegenüber dem Jahr 2013, als besagte Aussage Arbeitnehmern schon einmal vorgelegt wurde, nichts Wesentliches verändert (19 Prozent). Grundsätzlich ist unter Arbeitnehmern der Eindruck weitverbreitet, dass es ihrem Arbeitgeber an Pragmatismus fehlt. Lediglich drei von zehn Beschäftigten (29 Prozent) stimmten der Aussage »In meinem Unternehmen suchen wir immer nach dem effizientesten Weg, Arbeit zu erledigen« ohne Wenn und Aber zu. Und: Aus Sicht der Mitarbeiter sind viele Unternehmen nicht proaktiv genug, wenn es um neue Technologien geht. Die uneingeschränkte Zustimmung zur Aussage »Mein Unternehmen führt bereitwillig neue Technologien ein, die uns dabei helfen, produktiver zu sein« lag nur bei 37 Prozent.

Bei der Betrachtung dieser mitarbeiterseitigen Einschätzungen scheinen die Unternehmen hierzulande von Agilität noch weit entfernt zu sein. Und das, obwohl das agile Unternehmen als Antwort auf die Herausforderungen unserer Zeit angesehen und dementsprechend breit und intensiv diskutiert wird. Allerdings ist Agilität nicht nur eine Frage von Arbeitsmitteln und Prozessen, sondern auch des Mindsets. Bei beiden Aspekten, die Hand in Hand gehen müssen, lassen sich hierzulande Herausforderungen ausmachen. Der Aussage »In meinem Unternehmen verfügen wir über die richtigen Arbeitsmittel und Prozesse, um schnell auf geschäftliche Anforderungen reagieren zu können« stimmte nur jeder vierte Beschäftigte (23 Prozent) vorbehaltslos zu. Auch der Aussage »In meinem Unternehmen haben wir die richtige Einstellung, um schnell auf geschäftliche Anforderungen reagieren zu können« stimmte lediglich ein Viertel der Arbeitnehmer (26 Prozent) uneingeschränkt zu. Diese Ergebnisse bedeuten, dass die große Mehrheit der Arbeitnehmerschaft die Auffassung vertritt, dass es bei Agilität Defizite gibt. Der Mangel an Agilität könnte darauf zurückgehen, dass sich die Unternehmen bisher erfolgreich am Markt behaupten und das Bestehende zu funktionieren scheint. Daher besteht keine augenscheinliche Notwendigkeit, die bisherigen Vorgehensweisen unternehmensseitig zu hinterfragen. Auch wird Veränderung in der Regel mit Skepsis begegnet, weshalb sich Mitarbeiter und Unternehmen schwer damit tun, gewohnte Prozesse, Strukturen und Arbeitsweisen zu verlassen. Die Folge: Trägheit. Die Beratungserfahrung zeigt, dass, wenn es nicht brennt und kein Rauch zu sehen ist, es in der Regel schwer ist, Veränderungen anzustoßen. Jedes Unternehmen sollte sich heute die Frage stellen, ob sein Geschäftsmodell auch in fünf Jahren noch funktioniert und was heute getan werden muss, um auch in Zukunft erfolgreich zu sein.

Werden beide Agilitätsaspekte kombiniert betrachtet, zeigt sich, dass zuletzt nur jeder zehnte Arbeitnehmer (zehn Prozent) in einem agilen Unternehmen arbeitete. Diese Personen bescheinigten ihrem Arbeitgeber sowohl über die richtigen Arbeitsmittel und Prozesse als auch über die richtige Einstellung zu verfügen, um bei sich ändernden Anforderungen schnell handeln zu können.

AGILITÄT – STATUS QUO

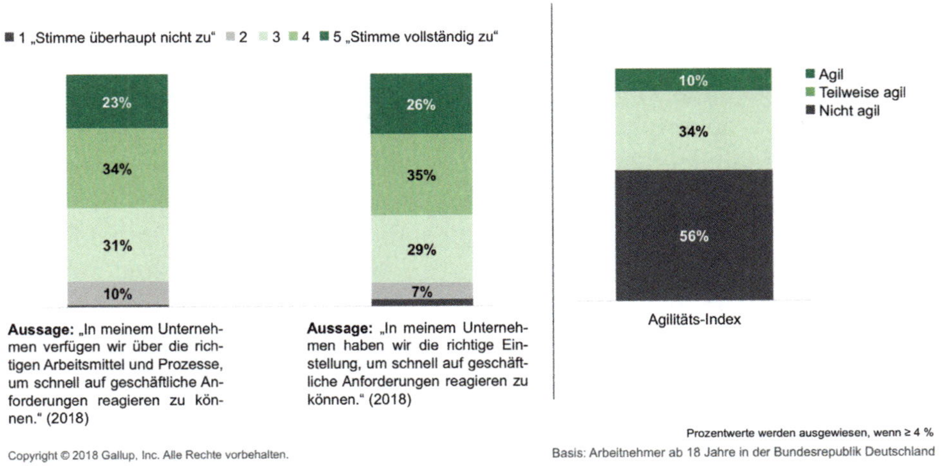

AGILITÄT VON HOHER RELEVANZ FÜR WETTBEWERBSFÄHIGKEIT UND GESCHÄFTSERFOLG

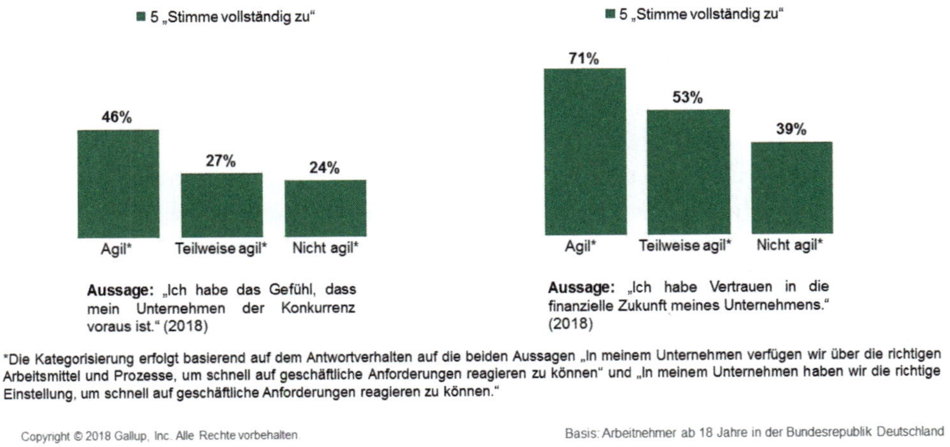

Allerdings gilt es zu bedenken, dass bei vielen Unternehmen die Umstellung auf Agilität noch läuft oder erst am Anfang steht. Ein Drittel der Arbeitnehmer (34 Prozent) arbeitete den Daten zufolge in einem teilweise agilen Unternehmen. Die Mehrheit der Beschäftigten (56 Prozent) hingegen war für einen nicht agilen Betrieb tätig.

Beschäftigte, die ihrem Arbeitgeber Agilität zuschrieben, stuften ihn als deutlich erfolgreicher und besser für die Zukunft aufgestellt ein. Diese Personen stimmten jüngst den Aussagen »Ich habe das Gefühl, dass mein Unternehmen der Konkurrenz voraus ist« und »Ich habe Vertrauen in die finanzielle Zukunft meines Unternehmens« deutlich eher vorbehaltslos zu als Befragte, die ihrem Unternehmen Agilität absprachen. Darüber hinaus wiesen Arbeitnehmer, die in einem agilen gegenüber einem nicht agilen Unternehmen arbeiteten, eine höhere emotionale Bindung auf. Der Anteil der emotional hoch gebundenen Mitarbeiter lag in einem als agil wahrgenommenen Betrieb bei 43 Prozent, in einem als nicht agil empfundenen Unternehmen bei lediglich sechs Prozent.

Für alle Unternehmen, egal an welcher Stelle sie sich im Transformationsprozess hin zur Agilität befinden, gilt: Der Mitarbeiter bleibt Mensch und seine zentralen emotionalen Bedürfnisse sind beständig. Daher braucht es auch zukünftig Führungskräfte, die in der Lage sind, diese zu erfüllen, und zwar mit dem Ziel, das Beste aus jeder Person herauszuholen. Sie müssen Mitarbeitern Orientierung geben, Prioritäten setzen, Arbeitsergebnisse nachhalten, Entscheidungen verantworten, Ressourcen zuteilen, Feedback geben und Mitarbeiter fordern und fördern. Dabei müssen sich Führungskräfte auch darüber bewusst werden, dass sie diejenigen sind, die durch ihr Verhalten einen erheblichen Einfluss auf die Unternehmenskultur haben: Ihnen kommt eine wichtige Vorbildrolle zu, indem sie die gewünschten Verhaltensweisen am Arbeitsplatz vorleben und somit die angestrebte Unternehmenskultur zum Leben erwecken. Einige Beispiele:

- **Fehlerkultur:** Führungskräfte können diese fördern, indem sie bereit sind zuzugeben, selbst nicht alles zu wissen, oder ihre eigene Fehlbarkeit aufzeigen, beispielsweise mit »Geschichten« über eigene Fehler. Auch können sie eine Plattform für den Austausch von »Lessons learned« schaffen, etwa in Form eines Agendapunkts in regelmäßig stattfindenden Teammeetings, um so den effektiven Umgang mit Fehlern zu demonstrieren. Haben Mitarbeiter das Gefühl, dass konstruktiv mit Fehlern umgegangen wird, nimmt die Angst ab, Fehler zu begehen, was wiederum dazu führt, dass sich Mitarbeiter (mehr) trauen und so aus der Passivität herausgeholt werden. Allerdings gilt es klar zu definieren und zu kommunizieren, wann Fehlermachen akzeptabel ist und wann nicht. Um Innovationen hervorzubringen und disruptiv zu sein, ist Versuch und Irrtum unabdingbar. In der Produktion hingegen wird in den meisten Fällen weiterhin eine Null-Fehler-Toleranz nach dem Prinzip »auf Anhieb richtig« vorherrschen.

- **Innovationen:** Vorgesetzte können diese fördern, indem sie Mitarbeiter ermutigen, eingetretene Pfade zu hinterfragen, und zum Querdenken anregen. Dabei gehen sie am besten als gutes Beispiel voran, indem sie selbst Routinen infrage stellen und Experimentierfreude an den Tag legen, aber auch, indem sie ihren Mitarbeitern Zeit und Raum für Dialog mit anderen einräumen. Gespräche – insbesondere in unterschiedlichen Mitarbeiterkonstellationen – beflügeln in der Regel die eigenen Gedanken und bringen neue Perspektiven. Darüber hinaus können Führungskräfte Innovationen fördern, indem sie ihre Mitarbeiter herausfordern und sie aktiv dazu einladen, Ideen zu entwickeln. Hierzu können Führungskräfte beispielsweise grundsätzlich mehr als einen Lösungsansatz von ihren Teammitgliedern einfordern. Mitarbeiter sind dadurch »verpflichtet«, verschiedene Ideen zu entwickeln und eine Situation aus unterschiedlichen Blickwinkeln zu betrachten und durchzudenken. Führungskräfte sollten sich dabei als Sparringspartner anbieten und ganz wesentlich: Sie müssen sich ernsthaft mit den verschiedenen Lösungsvorschlägen ihrer Mitarbeiter auseinandersetzen und Feedback geben.

- **Empowerment:** Da vermehrt Spezialwissen gefragt ist, wird es zunehmend wahrscheinlicher, dass Führungskräfte über bestimmtes Wissen selbst nicht mehr verfügen. Sie müssen daher loslassen und Verantwortung abgeben sowie Entscheidungsgewalt übertragen und ihren Mitarbeitern Vertrauen schenken. Dazu müssen sich Führungskräfte einerseits zurücknehmen, andererseits aber auch ihre Mitarbeiter auffordern, Entscheidungen zu treffen und Verantwortung zu übernehmen. Es ist durchaus denkbar, dass Mitarbeiter den vorhandenen Spielraum für eigenständiges Handeln nicht nutzen, weil die Führungskraft den Eindruck vermittelt, alles besser zu wissen oder die Zügel nicht aus der Hand geben zu wollen. Diese Wahrnehmung entsteht etwa, wenn Mitarbeiter häufig korrigiert werden oder ihnen Fehler noch Monate später vorgehalten werden. Dementsprechend haben Mitarbeiter Angst, etwas falsch zu machen, und als Folge dessen ziehen sie sich in die Passivität zurück, anstatt die Initiative zu ergreifen.

- **Kooperation:** Führungskräfte können eine Aufspaltung und Abgrenzung in »wir« gegen »die« vermeiden, in dem sie Vorbild für gelungene Zusammenarbeit sind. Dies erreichen sie, wenn sie sich aktiv für Zusammenarbeit anbieten, um zu verdeutlichen, dass im Sinne des Unternehmenserfolgs an einem Strang gezogen werden muss. Auch sollten sie Multiplikator sein, indem sie betonen, dass die Bewältigung heutiger und zukünftiger Herausforderungen schnittstellenübergreifender Kooperation und der Bereitschaft zum Wissensaustausch bedarf. Daneben gilt es, die übergreifende Zusammenarbeit und den Austausch, etwa durch gemeinsame Projekte, zu fördern, um Themen in gemischten Teams voranzutreiben oder Ideen zu entwickeln. Wichtig ist dabei auch zu beachten, dass durch die Arbeit in einem Umfeld, in dem über Abteilungen und Bereiche hinweg zusammengearbeitet und interagiert wird und in dem Mitarbeiter unabhängig Entscheidungen treffen, sich durch Absprache an den Schnittstellen ein größeres Konfliktpotenzial ergibt. Daher müssen Führungskräfte in der Lage sein, diese Konflikte konstruktiv lösen zu können.

Die Daten zeigten, dass es auf dem Weg zu einem ganzheitlichen agilen Unternehmen auf ein Zusammenspiel von Verhaltensweisen, Prozessen und Strukturen ankommt. Je besser eine Agilitätskomponente (Empowerment, Wissensaustausch, Kooperation, Innovationsoffenheit, Fehlerkultur, Geschwindigkeit der Entscheidungsfindung, Simplizität, Förderung neuer Technologien) realisiert wurde, desto eher wurde dem Unternehmen auch Agilität bescheinigt (Tabelle 17). Und je mehr Agilitätskomponenten verwirklicht waren, desto agiler wurde das Unternehmen wahrgenommen. Arbeitnehmer, die keine der acht Agilitätskomponenten implementiert sahen, nahmen ihr Unternehmen in keinster Weise als agil wahr (null Prozent). Beschäftigte, die mindestens sieben oder alle der insgesamt acht Agilitätskomponenten realisiert sahen, stuften ihr Unternehmen mit großer Mehrheit als agil ein (71 Prozent).

Tabelle 17

	Anteil der Arbeitnehmer, die ihrem Unternehmen Agilität bescheinigen*		
Agilitätskomponenten	Komponente realisiert	Komponente teilweise realisiert	Komponente nicht realisiert
Kooperation Aussage: »Ich bin zufrieden mit der Zusammenarbeit zwischen meiner Abteilung und anderen Abteilungen, mit denen ich arbeite.« (2018)	26 Prozent	6 Prozent	3 Prozent
Geschwindigkeit der Entscheidungsfindung Aussage: »Ich bin mit der Geschwindigkeit, mit der bei uns am Arbeitsplatz Entscheidungen getroffen werden, zufrieden.« (2018)	32 Prozent	10 Prozent	7 Prozent
Fehlerkultur Aussage: »Mein Unternehmen schafft ein Arbeitsumfeld, in dem sich Mitarbeiter und Mitarbeiterinnen ausprobieren, scheitern und aus Fehlern lernen können.« (2018)	30 Prozent	15 Prozent	4 Prozent
Empowerment Aussage: »In meinem Unternehmen wird denjenigen vertraut, Entscheidungen zu treffen, die mit der jeweiligen Aufgabe am vertrautesten sind.« (2018)	25 Prozent	7 Prozent	7 Prozent
Förderung neuer Technologien Aussage: »Mein Unternehmen führt bereitwillig neue Technologien ein, die uns dabei helfen, produktiver zu sein.« (2018)	22 Prozent	11 Prozent	4 Prozent
Simplizität Aussage: »In meinem Unternehmen suchen wir immer nach dem effizientesten Weg, Arbeit zu erledigen.« (2018)	23 Prozent	10 Prozent	7 Prozent
Wissensaustausch Aussage: »In meinem Unternehmen teilen wir Informationen, Wissen und Ideen offen miteinander.« (2018)	19 Prozent	10 Prozent	7 Prozent
Innovationsoffenheit Aussage: »Ich werde ermutigt, Verbesserungsvorschläge einzubringen.« (2018)	19 Prozent	12 Prozent	6 Prozent

* Die Kategorisierung erfolgte basierend auf dem Antwortverhalten auf die beiden Aussagen »In meinem Unternehmen verfügen wir über die richtigen Arbeitsmittel und Prozesse, um schnell auf geschäftliche Anforderungen reagieren zu können« und »In meinem Unternehmen haben wir die richtige Einstellung, um schnell auf geschäftliche Anforderungen reagieren zu können«. In der Tabelle ausgewiesen ist der Anteil der Arbeitnehmer, die ihrem Unternehmen Agilität bescheinigen.

Komponente realisiert: Beantwortung der entsprechenden Agilitätskomponente mit der besten Antwortoption (Stimme vollständig zu) auf einer Fünf-Punkte-Skala.

Komponente teilweise realisiert: Beantwortung der entsprechenden Agilitätskomponente mit der zweitbesten Antwortoption auf einer Fünf-Punkte-Skala (4).

Komponente nicht realisiert: Beantwortung der entsprechenden Agilitätskomponente mit einer »1«, »2« oder »3« auf einer Fünf-Punkte-Skala.

Basis: Arbeitnehmer ab 18 Jahre in der Bundesrepublik Deutschland

AGILITÄTS-INDEX NACH DEM REALISIERUNGSGRAD DER ACHT KOMPONENTEN

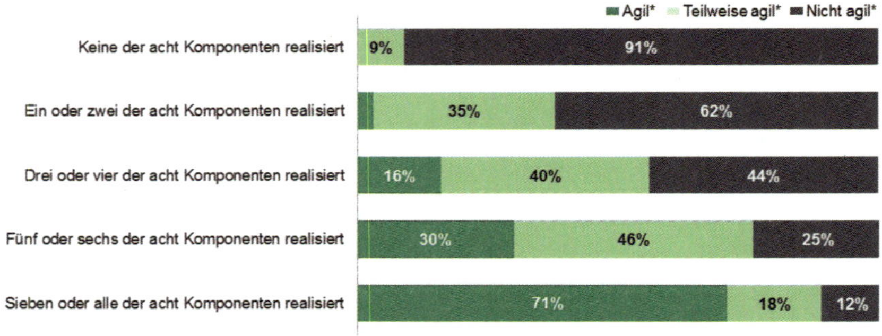

*Die Kategorisierung erfolgt basierend auf dem Antwortverhalten auf die beiden Aussagen „In meinem Unternehmen verfügen wir über die richtigen Arbeitsmittel und Prozesse, um schnell auf geschäftliche Anforderungen reagieren zu können" und „In meinem Unternehmen haben wir die richtige Einstellung, um schnell auf geschäftliche Anforderungen reagieren zu können."

Bei den Komponenten handelt es sich um: Empowerment, Wissensaustausch, Kooperation, Innovationsoffenheit, Fehlerkultur, Geschwindigkeit der Entscheidungsfindung, Simplizität, Förderung neuer Technologien.

Prozentwerte werden ausgewiesen, wenn ≥ 4 %

Basis: Arbeitnehmer ab 18 Jahre in der Bundesrepublik Deutschland

AGILITÄTSKOMPONENTEN: EMPOWERMENT, WISSENSAUSTAUSCH, KOOPERATION UND INNOVATIONSOFFENHEIT

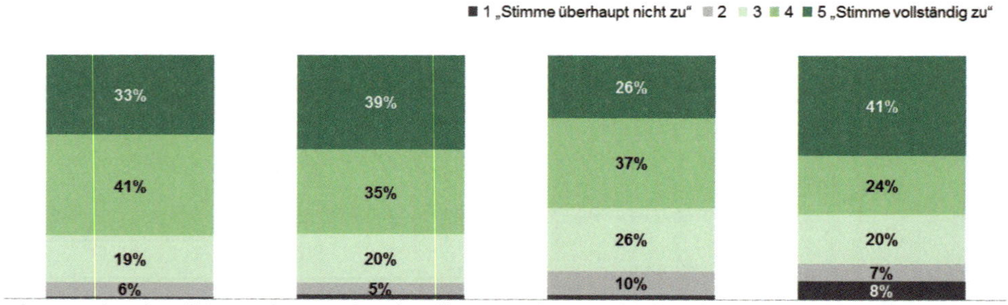

Aussage: „In meinem Unternehmen wird denjenigen vertraut, Entscheidungen zu treffen, die mit der jeweiligen Aufgabe am vertrautesten sind." (2018)

Aussage: „In meinem Unternehmen teilen wir Informationen, Wissen und Ideen offen miteinander." (2018)

Aussage: „Ich bin zufrieden mit der Zusammenarbeit zwischen meiner Abteilung und anderen Abteilungen, mit denen ich arbeite." (2018)

Aussage: „Ich werde ermutigt, Verbesserungsvorschläge einzubringen." (2018)

Prozentwerte werden ausgewiesen, wenn ≥ 4 %

Basis: Arbeitnehmer ab 18 Jahre in der Bundesrepublik Deutschland

AGILITÄTSKOMPONENTEN: FEHLERKULTUR, GESCHWINDIGKEIT DER ENTSCHEIDUNGSFINDUNG, SIMPLIZITÄT UND FÖRDERUNG NEUER TECHNOLOGIEN

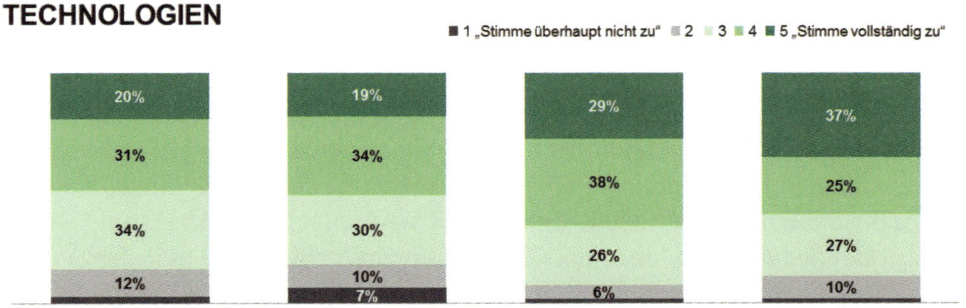

Aussage: „Mein Unternehmen schafft ein Arbeitsumfeld, in dem sich Mitarbeiter und Mitarbeiterinnen ausprobieren, scheitern und aus Fehlern lernen können." (2018)

Aussage: „Ich bin mit der Geschwindigkeit, mit der bei uns am Arbeitsplatz Entscheidungen getroffen werden, zufrieden." (2018)

Aussage: „In meinem Unternehmen suchen wir immer nach dem effizientesten Weg, Arbeit zu erledigen." (2018)

Aussage: „Mein Unternehmen führt bereitwillig neue Technologien ein, die uns dabei helfen, produktiver zu sein." (2018)

Prozentwerte werden ausgewiesen, wenn ≥ 4 %

Basis: Arbeitnehmer ab 18 Jahre in der Bundesrepublik Deutschland

GESCHWINDIGKEIT DER ENTSCHEIDUNGSFINDUNG: KEINE VERÄNDERUNG IN DER WAHRNEHMUNG

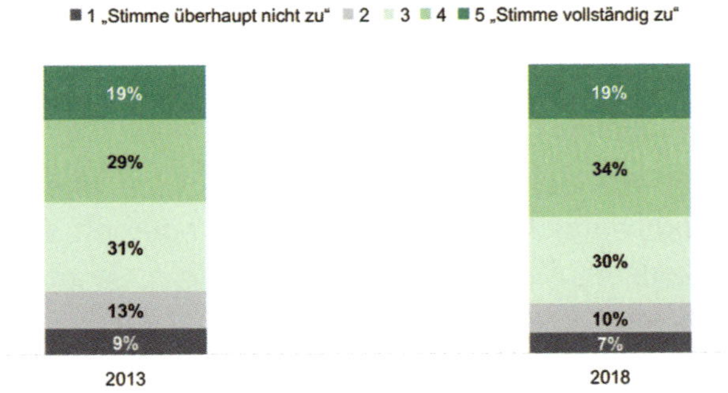

Aussage: „Ich bin mit der Geschwindigkeit, mit der bei uns am Arbeitsplatz Entscheidungen getroffen werden, zufrieden."

Basis: Arbeitnehmer ab 18 Jahre in der Bundesrepublik Deutschland

Fazit

Seit dem Jahr 2001 erheben wir jährlich den Engagement Index in Deutschland. Zuletzt (2018) lag der Anteil der Arbeitnehmer, die eine hohe emotionale Bindung zu ihrem Arbeitgeber aufwiesen und dementsprechend mit Hand, Herz und Verstand bei der Arbeit waren, bei 15 Prozent. Die große Mehrheit der Beschäftigten (71 Prozent) war emotional gering gebunden und machte lediglich Dienst nach Vorschrift. 14 Prozent der Mitarbeiter hatten innerlich bereits gekündigt und schaden ihrem Arbeitgeber durch ihr Verhalten. Denn sie arbeiten nicht nur mit angezogener Handbremse, sondern sind auch destruktiv und wirken auf ihre Arbeitsumgebung wie ein »Energie-Staubsauger«. Dabei besteht sogar die Gefahr der »Ansteckung«. Um diese destruktive Kraft eines inneren Kündigers zu überwinden, benötigen Unternehmen mindestens vier Mitarbeiter mit hoher emotionaler Bindung. Gallups Forschung zeigte, dass bei einem Verhältnis von vier zu eins die kritische Masse oder auch der sogenannte Tipping Point erreicht war und Unternehmen, die eine derartige Relation zwischen emotional hoch Gebundenen und inneren Kündigern aufwiesen, bei der Ertragskraft (Gewinn je Aktie) besser abschnitten als die Wettbewerber.[94] Kurzum: Sie waren wirtschaftlich erfolgreicher. Das Verhältnis von emotional hoch zu emotional nicht gebundenen Mitarbeitern betrug in Deutschland zuletzt (2018) eins zu eins.

Emotionale Mitarbeiterbindung hat nachweislich eine positive Wirkung auf Kosten und Wachstum eines Unternehmens. Dies spiegelt sich beispielsweise in Kennzahlen wie Fehlzeit, Fluktuation, Arbeitsunfälle, Qualität, Kundenbewertungen, Produktivität und Ertrag wider. Ein Beispiel aus der jüngsten Gallup-Metaanalyse (2016): Arbeitsgruppen mit hoher emotionaler Bindung waren 20 Prozent produktiver als Teams mit niedriger emotionaler Bindung.[95]

Die große Frage ist: Was können Unternehmen tun, um die emotionale Mitarbeiterbindung zu stärken? Der Schlüssel hierfür ist die direkte Führungskraft. Sie trägt in erster Linie die Verantwortung dafür, dass die emotionalen Bedürfnisse der Mitarbeiter am Arbeitsplatz erfüllt werden. Führungskräfte sind daher der Hebel, an dem die Unternehmen ansetzen müssen, um die Qualität des Arbeitsumfeldes zu verbessern. Doch schon in der Ausbildung wie im Studium findet Menschenführung kaum Berücksichtigung. Meist liegt der Fokus auf Betriebswirtschaftslehre und klassischer Managementtheorie. Am Titel »Master of Business Administration« wird deutlich, um was es in erster Linie geht: Es geht um das Verwalten des Unternehmens und weniger um das Führen von Menschen. Menschenführung sollte jedoch in gleichem Maße Berücksichtigung finden, da das Umsetzen von Strategien und die Durchführung von Prozessen nur so gut sein können wie die Menschen, die dahinterstehen.

Führungsqualität als Kennzahl ist bisher wenig verbreitet. Meist fokussieren sich Unternehmen fast ausschließlich auf finanzielle und operative Kennzahlen. Daher können selbst Führungskräfte, die sich der Bedeutung von emotionaler Bindung für den Unternehmenserfolg bewusst sind und die damit verbundenen Bedürfnisse ihrer Mitarbeiter erfüllen können, durch autoritäre Führungsstrukturen ausgebremst werden. In der heutigen Schnelllebigkeit kann es rasch zu Verschiebungen beim Fokus der finanziellen und operativen Ziele kommen, emotionale Bedürfnisse hingegen sind beständig. Dementsprechend kann die Fokussierung auf emotionale Bindung eine stabilisierende Wirkung auf Mitarbeiter, Führungskräfte, das Führungsteam und somit auf das gesamte Unternehmen haben. Gallups Forschung zeigte, dass Stabilität einer von vier Aspekten war (neben Vertrauen, Mitgefühl und Hoffnung) den sich Mitarbeiter von Führungskräften wünschen.[96]

In Bezug auf Führungsqualität darf ein wichtiges Kriterium nicht übersehen werden – Talent. Nur die wenigsten Führungskräfte sind Naturtalente. Unsere Studien zeigten, dass lediglich jede fünfte Führungskraft (18 Prozent) über ein ausgeprägtes Talent verfügt, Mitarbeiter zu führen. Diese Personen sind goldrichtig auf ihrer Position. Ein weiteres Fünftel (20 Prozent) wies die Voraussetzung dafür auf, dass sich ihr Führungspotenzial entwickeln lässt.[97] Im Engagement Index 2014 wurden Vorgesetzte befragt, wie sie zu Führungskräften wurden: 51 Prozent der Befragten erklärten, dass sie in ihre Position gekommen sind, weil sie viele Erfahrungen in ihrem Arbeitsgebiet gesammelt hatten und bereits längere Zeit im Unternehmen tätig waren. 47 Prozent der Interviewten gaben an, dass sie befördert wurden, da sie in ihrer vorherigen Position ohne Führungsverantwortung erfolgreich waren. Das Ergebnis einer aktuellen Studie, die über einen Zeitraum von sechs Jahren in mehr als 214 Unternehmen die Werdegänge von 53 035 Vertriebsmitarbeitern berücksichtigte (1 531 wurden befördert), spricht für sich: Wer seine Verkaufszahlen als Mitarbeiter verdoppelte, erhöhte seine Wahrscheinlichkeit auf Beförderung um 14,3 Prozent. Gleichzeitig lagen die Erlöse des eigenen Teams danach 7,5 Prozent unter dem Schnitt.[98] Kurzum: Gute Vertriebler werden überwiegend zu Führungskräften, aber sie machen diesen Job selten gut.

Die meisten Personen werden also zu Führungskräften, weil sie als Belohnung für langfristigen Arbeitseinsatz und gute Ergebnisse es scheinbar verdienen und nicht, weil sie dafür geeignet sind. Aber die zurückliegende erbrachte Leistung sagt wenig über die Eignung als Führungskraft aus. Persönlichkeitsmerkmale und daraus resultierendes Verhalten sind stärkere und zuverlässigere Hinweisgeber. Erfahrung und fachliche Kompetenzen sind wichtig, ersetzen aber niemals Führungstalent. Gallup definiert Talent als natürliche und immer wiederkehrende Gedanken-, Gefühls- und Verhaltensmuster. Dieses Verständnis von Talent lässt sich nicht entwickeln oder trainieren, sondern es ist vielmehr eine Disposition.[99] Bislang konzentrieren sich Personalabteilungen fast ausschließlich auf erlerntes Wissen und formale Qualifikationen der Kandidaten und vernachlässigen den Aspekt des inhärenten Talents.

Darüber hinaus entscheiden Personaler häufig nach Sympathie oder Bauchgefühl und die Kriterien, die sie heranziehen, stehen häufig nicht in Zusammenhang mit dem Erfolg als Führungskraft. Auch beeinflussen Vorurteile gegenüber bestimmten Gruppen, eigene Erfahrungen oder äußerliche Merkmale, wer die Führungsposition bekommt und im weiteren Verlauf Karriere macht. Werden Führungskräfte in die Auswahl ihrer Nachfolger involviert, werden oftmals Personen ausgewählt, die den an der Auswahl beteiligten Führungskräften sehr ähnlich sind – nur etwas jünger. Diese Vorgehensweise beim Recruiting- und Beförderungsprozess muss hinterfragt und durchbrochen werden. Stattdessen sollte bei der Personalauswahl ein empirisch validiertes Tool zum Einsatz kommen.

Talentierte Fachleute wechseln vor allem deshalb in einen Führungsjob, weil ihnen keine adäquaten Entwicklungsmöglichkeiten angeboten werden. Auf diese Weise werden aus fachlich kompetenten Personen mittelmäßige Führungskräfte, sogenannte »Passt-schon-Manager«. Das positive Gegenstück ist der »Passt-genau-Manager«, der führungsrelevante Eigenschaften von Natur aus mitbringt. Diese Führungskräfte können jeden einzelnen Mitarbeiter »mitnehmen«, indem sie ihn emotional überzeugen. Sie besitzen Durchsetzungskraft und können mit Widerständen umgehen, schaffen ein Arbeitsumfeld mit klaren Verantwortlichkeiten, bauen Beziehungen durch Vertrauen, Transparenz und Offenheit auf und lassen sich in der Entscheidungsfindung durch Ergebnisorientierung leiten.[100]

Personen dieses Kalibers gilt es zu identifizieren. Aus unseren Studien ging jedoch hervor, dass Führungstalent in der Bevölkerung nur in geringem Maße vorhanden ist (bei jedem zehnten Menschen). Ausbaufähiges Führungspotenzial war durchaus vorhanden (bei zwei von zehn Menschen), aber das bedeutet auch, dass sich 70 Prozent der Menschen mit einer Führungsaufgabe schwertun.[101]

Dementsprechend sollte es adäquate Laufbahnen für Fachexperten geben, mit hoher Wertschätzung, guten Entwicklungs- und Aufstiegschancen, aber ohne den Anspruch, automatisch Führungsfunktion übernehmen zu müssen. Denn »Karriere machen« wird hierzulande allgemein als stetiger Zuwachs an Personalverantwortung begriffen, das heißt, Karriere wird vornehmlich durch die Zahl der »Untergebenen« definiert. Werden Führungstalente und inhaltliche Experten jeweils entsprechend ihrer Fähigkeiten eingesetzt, wird es ihnen sehr viel leichter fallen, sich auf Augenhöhe zu begegnen und produktiv zusammenzuarbeiten. Führungstalent zahlt sich auch in barer Münze aus: Wenn Unternehmen systematisch die richtigen Führungskräfte auswählen, können sie eine Umsatzsteigerung von durchschnittlich 27 Prozent pro Mitarbeiter erzielen.[102]

Natürlich kann jede Führungskraft durch Training und Coaching darin unterstützt werden, ihr Führungsverhalten zu verbessern. Aber dies ist nur bis zu einem gewissen Grad möglich. Maßnahmen zur Personalentwicklung sind sinnvoll, können aber, vor allem da, wo es gänzlich an Führungstalent fehlt, keine Wunder vollbringen. Sie können dazu beitragen, dass mittelmäßig talentierte Führungskräfte ihre Aufgabe bis zu einem tolerierbaren Ergebnis erfüllen können, aber es ist unwahrscheinlich, dass aus talentfreien Führungskräften gute Vorgesetzte werden. Ohne die oben beschriebenen Talente wird nachhaltiger Erfolg als Führungskraft schwer möglich sein. In Teams, die von Vorgesetzten mit Führungstalent geführt wurden, lag die emotionale Mitarbeiterbindung im Schnitt um 17,4 Prozent höher als in Arbeitsgruppen, die von einer durchschnittlichen Führungskraft betreut wurden.[103]

Werden Vorgesetzte gefragt, so scheint alles in bester Ordnung: Nahezu alle Führungskräfte (97 Prozent) hielten sich selbst für einen guten Vorgesetzten, wie der Engagement Index 2016 ergab. Das Ergebnis unserer Langzeitstudie zur emotionalen Mitarbeiterbindung legt hingegen seit Jahren nahe, dass es nur ein kleiner Teil der Vorgesetzten versteht, die emotionalen Bedürfnisse der Mitarbeiter am Arbeitsplatz zu adressieren. Gemäß den Daten gehen Selbstbild und Fremdbild auseinander. Der Grund hierfür ist, dass Führungskräfte selten einen Spiegel vorgehalten bekommen und ihr eigenes Führungsverhalten daher kaum hinterfragen. In der Regel steht keine Führungskraft morgens auf und sagt sich: »Heute will ich mal schlecht führen!« Vielmehr wollen sie einen guten Job machen. Dementsprechend wichtig ist Feedback, damit Führungskräfte wissen, wie sie und ihr Führungsverhalten wahrgenommen werden. Daher sollten mindestens einmal jährlich alle Beschäftigten eines Unternehmens um Input gebeten werden.

Zwar führte ein Drittel der Unternehmen hierzulande (35 Prozent) mindestens einmal im Jahr eine Mitarbeiterbefragung durch und ein weiteres Viertel (29 Prozent) tat dies mindestens alle zwei Jahre, wie aus einer Untersuchung der Fachzeitschrift *planung & analyse* aus dem Jahr 2014 hervorging. Aber ein nicht unerheblicher Teil der Unternehmen (43 Prozent) war mit der Umsetzung der Ergebnisse der letzten Mitarbeiterbefragung unzufrieden, und zwar überwiegend deshalb, weil es nicht gelang, die Ergebnisse in Maßnahmen und Aktionen umzuwandeln. Dabei hatte die zuletzt durchgeführte Mitarbeiterbefragung für die Mehrheit der Unternehmen (61 Prozent) das Ziel, die Motivation beziehungsweise das Engagement der Beschäftigten zu erhöhen.[104]

Dies wirft die Frage auf, ob sich die Mitarbeiterbefragungen, die landauf und landab durchgeführt werden, auf das fokussieren, worauf es am Arbeitsplatz wirklich ankommt – das lokale Arbeitsumfeld mit der dort erlebten Führung. Um dies zu messen, gilt es zunächst, das gewünschte Führungsverhalten klar zu definieren, nämlich als Fähigkeit, die zentralen emotionalen Bedürfnisse der Mitarbeiter zu erfüllen und anschließend den Erfüllungsgrad jedes einzelnen emotionalen Bedürfnisses systematisch zu erfassen. Kurzum: Unternehmen müssen ihrer Belegschaft in einer Mitarbeiterbefragung die richtigen Fragen stellen.

Darüber hinaus gilt es, an der richtigen Stelle anzusetzen – nämlich der Arbeitsgruppe. Denn es ist zentral, den Dialog auf der kleinsten Ebene im Unternehmen zu führen und auf dieser Ebene Maßnahmen abzuleiten. Stattdessen werden unternehmensweit Daten erhoben, diese aggregiert und versucht, Verbesserungsmaßnahmen auf dieser Basis zu entwickeln. Diese Interventionen – wenn sie nicht ohnehin einfach von oben angeordnet werden – fußen von vornherein auf einer ungeeigneten Informationsgrundlage, weil sich die Befragungsergebnisse nicht einzelnen Führungskräften und ihren Teams zuordnen lassen. Ohne eine präzise Zuordnung gibt es jedoch keine Verantwortlichkeit. Außerdem stehen Führungskräfte in ihrer lokalen Personalführung in der Regel vor ganz unterschiedlichen Herausforderungen. Ein Vorgehen nach dem »Gießkannenprinzip« ist daher wenig zielführend. Vielmehr bedarf es einer lokalen, eigenständigen Maßnahmenumsetzung, um Veränderungen auf den Weg zu bringen. Dies setzt eine Identifizierung der Problembereiche als auch Stärken der Führungskraft im eigenen Personalmanagement voraus – Voraussetzung hierfür sind leicht verständliche Ergebnisberichte. Um lokalen Handlungsbedarf auszumachen und Prioritäten zu setzen, ist es hilfreich, die eigenen Resultate im Kontext mit internen und externen Vergleichswerten zu betrachten. Dadurch können positive und negative Auffälligkeiten besser eingeordnet werden.

In der Praxis zeigt sich, dass ohne einen intensiven Dialog keine Initiative für Verbesserungen stattfindet. Führungskräfte müssen dementsprechend befähigt werden, die Rückmeldung aus der Arbeitsgruppe konstruktiv zu nutzen und in das Gespräch mit den Mitarbeitern einzusteigen. Gemeinsam gilt es, über die Wahrnehmung des eigenen Arbeitsumfelds zu sprechen und zu überlegen, wie die zentralen emotionalen Bedürfnisse am Arbeitsplatz besser erfüllt werden können und welche Maßnahmen es diesbezüglich bedarf. Dies stellt den Startschuss in einen Veränderungsprozess dar. Um diesen jedoch nachhaltig zu gestalten, bedarf es eines regelmäßigen Mitarbeiterfeedbacks und darauf basierend eines kontinuierlichen Dialogs. Nur wer weiß, wo er steht und wo er herkommt, kann sich entwickeln. Als Hilfestellung in diesem Prozess sollte Führungskräften gezielt Trainings, Coachings und Unterstützung angeboten werden.

Durch einen systematischen Ansatz lässt sich die Führungsqualität nicht nur messen und als Kennzahl ausdrücken und damit eine einheitliche Währung für Führung im Unternehmen etablieren, sondern auch managen und optimieren. Befragungsergebnisse auf Arbeitsgruppenebene ermöglichen Unternehmen, Führungsverhalten vergleichbar zu machen, Verantwortlichkeiten zu schaffen und Entwicklungen im Zeitverlauf zu verfolgen. Zudem kann der Unterstützungsbedarf für Führungskräfte individualisiert und Führungsqualität als Bestandteil des Performance-Managements etabliert werden.

Im Zuge dessen ist es besonders sinnvoll, Best Practices zu identifizieren, herauszustellen und, wo immer möglich, zu übertragen. Vorbildliche mitarbeiterorientierte Führung zeichnet sich durch klare Erwartungen, Ressourcenbereitstellung, Stärkenfokus, positives und konstruktives Feedback zur Arbeitsleistung, Individualisierung, Einbeziehung, Sinnstiftung, Förderung von sozialen Beziehungen und der Unterstützung bei der persönlichen und fachlichen (Weiter-) Entwicklung aus. Die Erfahrung zeigt, dass Best Practices in jedem Unternehmen existieren und sie in der Regel unabhängig von bestimmten Bereichen oder Funktionen sind. Die Bandbreite von Führungsqualität innerhalb eines Unternehmens ist in der Regel erheblich und weist auf vorhandenes Potenzial hin: Was machen die Besten unter den gleichen Rahmenbedingungen und Herausforderungen anders? Was können wir von ihnen lernen? Darüber hinaus empfiehlt es sich, systematische Barrieren und unternehmensweite sowie strukturelle Herausforderungen zu »orten« und zu entfernen. Auch chronisch schwache Führungsleistungen brauchen ein besonderes Augenmerk und zielgerichtete Unterstützung.[105]

In jedem Unternehmen lassen sich mit dem richtigen Ansatz geeignete Maßnahmen finden, die zu einer Verbesserung der emotionalen Bindung führen. Denn unabhängig vom Ausgangsniveau ist emotionale Bindung in erster Linie durch Dialog und Interventionen auf Arbeitsgruppenebene veränderbar. Am schnellsten und einfachsten lassen sich diejenigen Mitarbeiter »zurückholen«, die zumindest eine geringe emotionale Bindung aufweisen und sich noch nicht komplett in die innere Kündigung verabschiedet haben. Das bedeutet aber nicht, dass sich mentale Aussteiger nicht zurückgewinnen ließen. Grundsätzlich zeigt sich, dass es je nach Unternehmen und Ausgangslage unterschiedliche Geschwindigkeiten bei der Optimierung der Führungskultur gibt.

Bereits nach zwölf Monaten sind deutliche Verbesserungen möglich. Während zu Beginn der Zusammenarbeit mit Gallup im Durchschnitt 28 Prozent der Mitarbeiter eines typischen Unternehmens emotional hoch gebunden waren, stieg dieser Wert kontinuierlich an und lag nach rund zehn Jahren bei über 60 Prozent, wie aus den für diese Untersuchung aggregierten Daten hervorgeht. Der Anteil der inneren Kündiger sank im gleichen Zeitraum von 18 auf acht Prozent.[106] Die besten Unternehmen in Gallups Datenbank (Top 25 Prozent) verfügten zuletzt (2018) über 65 Prozent emotional hoch gebundene, 29 Prozent emotional gering gebundene und sechs Prozent emotional ungebundene Mitarbeiter.[107] Einige Faktoren sind hierfür ausschlaggebend:

- **Die Bereitschaft der Geschäftsführung, einen (Verhaltens-)Veränderungsprozess wirklich anzustoßen und langfristig zu verfolgen.** Ein kurzfristiges Schönwetter-Projekt zur Verbesserung der emotionalen Mitarbeiterbindung ist von vornherein zum Scheitern verurteilt. Veränderung beginnt im Kopf und muss vorgelebt werden. Deshalb ist es wichtig, dass die Geschäftsführungsmitglieder geschlossen hinter der Initiative und dem Wandel im Unternehmen stehen sowie als Vorbilder fungieren und Vorbilder installieren. Meist formuliert die oberste Ebene zwar Ziele, doch kaum sind sie kommuniziert, wendet sich die Unternehmensspitze wieder anderen Themen zu. Dieses Vorgehen vermittelt Führungskräften wie Mitarbeitern die Botschaft: »Allzu wichtig ist uns das Ganze doch nicht, sonst würde sich die Geschäftsführung mehr darum kümmern.« Daher muss die Geschäftsleitung das Thema nicht nur auf die Agenda setzen, sondern es auch aktiv unterstützen und begleiten. In der Regel strahlen Einstellungen, Überzeugungen und Verhaltensweisen der Geschäftsleitungsmitglieder auf das Unternehmen aus. Unsere Forschung zeigte, dass die Mitglieder der obersten Führungsriege, die die zentralen emotionalen Bedürfnisse ihrer Teammitglieder erfüllen, diese dazu inspirieren, das erlebte Führungsverhalten weiterzutragen. Anders ausgedrückt: Können Führungskräfte erkennen, dass sich in ihrem direkten Umfeld etwas in die gewünschte Richtung bewegt, dann passen auch sie ihr (Führungs-)Verhalten entsprechend an. Deshalb ist es wichtig, dass die richtigen Signale von der Unternehmensspitze gesendet werden. Diese Erkenntnis sollte die Geschäftsführung daran erinnern, zuallererst an der eigenen emotionalen Bindung sowie der der eigenen Teammitglieder zu arbeiten. Je emotional gebundener die Führungskräfte sind, desto besser können diese wiederum ihre eigenen Mitarbeiter emotional binden. Führungskräfte, die von emotional gebundenen Geschäftsführungsmitgliedern geführt werden, sind 39 Prozent häufiger selbst emotional gebunden. Darüber hinaus zeigt sich, dass Mitarbeiter ohne Führungsverantwortung 59 Prozent häufiger emotional gebunden sind, wenn ihre Führungskraft dies auch ist.[108]

- **Emotionale Mitarbeiterbindung nicht als Selbstzweck verfolgen.** Sie ist immer ein Hebel, um bestimmte Ziele zu erreichen, wie zum Beispiel Fehlzeiten zu reduzieren, die Fluktuation zu senken, die Qualität zu steigern oder die Kundenorientierung zu verbessern. Um die Relevanz der Initiative zu unterstreichen, ist es hilfreich, anhand von unternehmensinternen Fallstudien aufzuzeigen, wie emotionale Bindung mit Performance-Kennzahlen in Verbindung steht. Dies hilft dabei, den Mehrwert von Führungsqualität zu unterstreichen. Auch eine regelmäßige Kommunikation und Rückmeldung an die Belegschaft seitens der Geschäftsführung rund um die laufenden Aktivitäten ist zielführend, um das Thema emotionale Mitarbeiterbindung am »Kochen« zu halten.

- **Eine starke Personalabteilung,** die die Führungskräfte als strategische Partner unterstützt und ihnen einen konkreten Nutzen für sich und ihr Team aufzeigt. Dies geschieht zum Beispiel durch Talentanalysen und Unterstützung bei der Weiterentwicklung. Dabei müssen sich Unternehmen darüber bewusst sein, dass die Kunst der Personalführung nicht nach ein paar Wochenend-Seminaren oder eintägigen Crashkursen beherrscht wird, sondern einer kontinuierlichen und individuellen Begleitung bedarf.

- **Aktive Unterstützung für Führungskräfte und Teams,** etwa durch Trainings, Coachings und begleitende Maßnahmen, die dazu beitragen, dass Führungskräfte mit ihren Mitarbeiterbefragungsergebnissen arbeiten können. Dazu gehört das Lesen und Interpretieren eines Ergebnisberichts ebenso wie das Setzen von Impulsen für die Umsetzung des Nachfolgeprozesses. Teil dessen ist die Ergebniskommunikation, der Dialog im Team, die Ableitung von S.M.A.R.T.en Maßnahmen[109] sowie die Dokumentation und Umsetzung dieser. Darüber hinaus ist es hilfreich, wenn es interne Ansprechpartner gibt, bei denen sich Führungskräfte Rat einholen können, um spezifische Herausforderungen oder Fragen zu thematisieren, wie etwa den Umgang mit kritischen oder destruktiven Teammitgliedern.

- **Ein klares und bereichsübergreifendes Performance-Management,** das Führungsqualität belohnt und jene Führungskräfte fördert, die Mitarbeiter emotional binden kann. Grundsätzlich sollte gute Führung im Arbeitsalltag nicht untergehen, sondern regelmäßig Wertschätzung erfahren, um ein Signal an die Belegschaft zu senden, dass gute Führung einen hohen Stellenwert in der Unternehmenskultur hat. Dazu gehört es, Führungsqualität zu messen und als Kennzahl auszuweisen. Denn Führungskräfte sind es in fast allen Bereichen gewohnt, anhand von Kennzahlen gemessen zu werden und diese zu managen.

Mehr denn je gilt der Managementleitsatz: Führung – und die damit verbundene emotionale Mitarbeiterbindung – erfordert Zeit und Mühe! Ein Aufwand, der sich in Wettbewerbsvorteilen, Leistungssteigerungen und einem für den Menschen insgesamt guten Arbeitsplatz mehr als bezahlt macht. »Unsere Mitarbeiter sind unser größtes Kapital« – wenn Leitsätze wie dieser wirklich mehr als reine Rhetorik sind, dann sollten sich Unternehmen stärker auf den Faktor Mensch fokussieren und das Thema Führung genauso ernst nehmen und dementsprechend die Führungsqualität messen und managen wie ihre betriebswirtschaftlichen Kennzahlen.

Über den Autor

Marco Nink, M.A., ist Regional Lead, Research & Analytics Europe, Middle East, Africa bei Gallup. Als Projektmanager und Research Director sammelte er von 1998 bis 2001 Erfahrung in der Markt- und Meinungsforschung. Seit 2001 ist Marco Nink – zunächst als Consultant, später als Senior Consultant – in der Managementberatung tätig. Er berät deutsche und internationale Unternehmen in Fragen des Personal-, Kunden- und Lieferantenmanagements und begleitet unter anderem den jährlich erscheinenden Engagement Index Deutschland von Gallup.

Anmerkungen

1 Aus Gründen der Lesbarkeit wurde im Text die männliche Form gewählt, nichtsdestoweniger beziehen sich die Angaben auf Angehörige beider Geschlechter.

2 Polizeiliche Kriminalstatistik, Grundtabelle erstellt am: 26. Januar 2017: Diebstahl insgesamt in/aus Dienst-, Büro-, Fabrikations-, Werkstatt- und Lagerräumen. Vgl. https://www.bka.de/DE/AktuelleInformationen/StatistikenLagebilder/PolizeilicheKriminalstatistik/PKS2016/pks2016_node.html;jsessionid=F8BA863AFC22600F8E58E0764AB05E39.live2292

3 Der Autor bedankt sich bei Dr. James K. Harter, Gallup, für die Bereitstellung dieser bisher unveröffentlichten Daten.

4 Vgl. Deutscher Industrie und Handelskammertag: »Fachkräfte gesucht wie nie!« DIHK-Arbeitsmarktreport 2018. Berlin 2018.

5 Vgl. Gallup: »Why People Leave Companies. A Comprehensive Review of Gallup's Database«. July 2007.

6 Vgl. EHI Retail Institute e.V. (Hrsg.): Inventurdifferenzen 2017. Daten, Fakten, Hintergründe aus der empirischen Forschung. Köln 2017.

7 Vgl. Harter, James K.; Schmidt, Frank L.; Agrawal, Sangeeta; Plowman, Stephanie K.; Blue, Anthony: The Relationship Between Engagement at Work and Organizational Outcomes 2016 Q[12]® Meta-Analysis: Ninth Edition. 2016.

8 Es wurde folgendes Medienset untersucht: Der Spiegel, Der Tagesspiegel, Die Welt, Die Zeit, Frankfurter Allgemeine Sonntagszeitung, Frankfurter Allgemeine Zeitung, Financial Times Deutschland, Focus, Handelsblatt, Harvard Business Manager, manager magazin, Personal – Magazin für Human Resources, personalmagazin, PERSONALquarterly, Personalwirtschaft, Stern, Stuttgarter Zeitung, Süddeutsche Zeitung, taz, Welt am Sonntag, WirtschaftsWoche, Zeitschrift für Personalforschung.

9 Vgl. Bain & Company Pressemeldung vom 28. August 2013: Bain-Studie zu Managementmethoden und -trends 2013: Kunden und Mitarbeiter stehen im Mittelpunkt.

10 Vgl. Bain & Company Pressemeldung vom 19. August 2015: Moderne Managementtechniken sichern Unternehmenserfolg.

11 Vgl. Deloitte: Human Capital Trends 2016 Die neue Organisation: Differenzierung durch Design.

12 Vgl. Bundesagentur für Arbeit: Presseinfo Nr. 2 vom 3. Januar 2018.

13 Vgl. ebd.

14 Vgl. Statistisches Bundesamt: Pressemitteilung Nr. 011 (Deutsche Wirtschaft wächst auch im Jahr 2017 kräftig) vom 11. Januar 2018.

15 Vgl. »Grafik des Tages: Die Prognose der Bundesbank«. In: Wiesbadener Kurier vom 3. Januar 2018.

16 Die Vergleichswerte für die Europäischen Union und die weltweiten Daten wurden im Rahmen der Gallup World Poll 2017 erhoben und beziehen sich auf Arbeitnehmer ab 18 Jahre.

17 Vgl. Clifton, Jim: Der Kampf um die Arbeitsplätze von morgen. München 2012.

18 Die Begriffe »emotionale Mitarbeiterbindung« und »emotionale Bindung« werden synonym verwendet.

19 Die Aussagen sind mit einer fünfstufigen Bewertungsskala hinterlegt: 1 steht für die schlechtestmögliche Bewertung und 5 für die bestmögliche Bewertung. Durch die ungerade Anzahl der Skalenstufen existiert eine Mitte, sodass die Möglichkeit besteht, durch die Wahl der Ziffer 3 eine neutrale Position einzunehmen. Von den Befragten wird dementsprechend kein Urteil erzwungen, das in eine bestimmte Richtung weist.

20 Vgl. Buckingham, Marcus; Coffman, Curt: Erfolgreiche Führung gegen alle Regeln. Wie Sie wertvolle Mitarbeiter gewinnen, halten und fördern. 4. aktualisierte und erweiterte Auflage. Frankfurt/Main 2012.

21 Vgl. Harter, James K.; Schmidt, Frank L.; Agrawal, Sangeeta; Plowman, Stephanie K.; Blue, Anthony: The Relationship Between Engagement at Work and Organizational Outcomes 2016 Q[12]® Meta-Analysis: Ninth Edition. 2016.

22 Fast drei Jahrzehnte nach der Wiedervereinigung zeigen sich bei einer Reihe von Aspekten noch deutliche Unterschiede zwischen Ost- und Westdeutschland. Beispielsweise ist in den neuen Bundesländern die Arbeitslosigkeit höher (2017: 7,6 Prozent zu 5,3 Prozent; vgl. Bundesagentur für Arbeit, Eckwerte des

Arbeitsmarktes – Jahreszahlen 2017), das Einkommen geringer (Durchschnittlicher Bruttomonatsverdienst 2017: 3 049 Euro zu 3 885 Euro; vgl. Statistisches Bundesamt, Durchschnittliche Bruttomonatsverdienste) und die Jahresarbeitszeit höher als in den alten Bundesländern (2017: 1 705 zu 1 650 Stunden; vgl. WSI-Tarifarchiv, Jahresarbeitszeit 1990 bis 2017).

23 Der Vergleich basiert jeweils auf aggregierten Daten, die den Zeitraum der Jahre 2011 bis 2013 sowie die Jahre 2016 bis 2018 umfassen.

24 Vgl. Gallup: State of the Global Workplace. New York 2017.

25 Vgl. »Grafik des Tages: Die größten Exporteure der Welt«. In: Wiesbadener Kurier vom 4. Mai 2018, S. 23.

26 Vgl. »Apple macht es allen vor«. In: Frankfurter Allgemeine Zeitung vom 12. Mai 2018, S. 24.

27 Vgl. https://www.zeit.de/2018-04/wirtschaft-china-entwicklung-digitalisierung-staedte-konzerne-zahlen/seite-2 vom 9. Mai 2018.

28 Vgl. Gallup: State of the Global Workplace 2013. Washington, D.C. 2013.

29 Vgl. Gallup: State of the Global Workplace. New York 2017.

30 Beim Gewinn je Aktie handelt es sich um eine Kennzahl, die angibt, welcher Teil des gesamten Unternehmensgewinns auf eine Aktie entfällt. Er lässt auf die Ertragskraft eines Unternehmens schließen.

31 Vgl. Gallup: Engagement Predicts Earnings Per Share. Omaha, NE. 2006.

32 Grundlagen der Berechnung waren Daten des statistischen Bundesamts (Jahresschätzung Arbeitskosten 2015, Produzierendes Gewerbe und Dienstleistungsbereich) auf der Basis eines achtstündigen Arbeitstages. Vgl. https://www.destatis.de/DE/ZahlenFakten/GesamtwirtschaftUmwelt/VerdiensteArbeitskosten/ArbeitskostenLohnnebenkosten/Tabellen/ArbeitskostenJeStunde.html;jsessionid=A3E0A72FE55BC906FE0F0D38AAA29708.InternetLive1 vom 12. März 2018.

33 Vgl. Bundesagentur für Arbeit, »Statistik/Arbeitsmarktbeichterstattung: Fachkräfteengpassanalyse«. Nürnberg 2017, S. 6.

34 Vgl. http://www.iab.de/de/befragungen/stellenangebot/aktuelle-ergebnisse.aspx vom 12. März 2018.

35 Vgl. http://www.iab.de/de/befragungen/stellenangebot/aktuelle-ergebnisse.aspx vom 12. März 2018.

36 Vgl. Vogler-Ludwig, Kurt; Düll, Nicola; Kriechel, Ben: Arbeitsmarkt 2030 – Wirtschaft und Arbeitsmarkt im digitalen Zeitalter. Prognose 2016. München 2016; eigene Berechnung auf der Basis von Tabelle 1.2. Erwerbspersonen nach Alter und Geschlecht.

37 Vgl. Burstedde, Alexander; Kolev, Galina; Matthes, Jürgen: »Wachstumsbremse Fachkräfteengpässe«. In: Institut der Deutschen Wirtschaft (Hrsg.): IW-Kurzbericht 22/2018.

38 Vgl. https://www.destatis.de/DE/ZahlenFakten/GesamtwirtschaftUmwelt/VerdiensteArbeitskosten/ArbeitskostenLohnnebenkosten/Tabellen/StrukturKostenart.html vom 12. März 2018.

39 Vgl. Zentrum für Europäische Wirtschaftsforschung GmbH (Hrsg.:): Innovationen der Deutschen Wirtschaft. Indikatorenbericht zu Innovationserhebung 2017. Mannheim 2018.

40 Alle Daten dieses Abschnitts stammen aus dem Jahr 2013 – sofern nicht anders angegeben.

41 Vgl. Friedrich, Kerstin: Empfehlungsmarketing. 4. vollständig überarbeitete und aktualisierte Auflage Offenbach 2004.

42 Ebd.

43 Alle Daten dieses Kapitels stammen aus dem Jahr 2013 – sofern nicht anders angegeben.

44 Vgl. Leonard, David; Coltea, Claude: »Most Change Initiatives Fail – But They Don't Have To«. In: Gallup Management Journal vom 24. Mai 2013.

45 Vgl. http://www.harvardbusinessmanager.de/blogs/a-898305-druck.html vom 23. Mai 2018.

46 Alle Daten dieses Kapitels stammen aus dem Jahr 2018 – sofern nicht anders angegeben.

47 Vgl. »Grafik des Tages: Berufliche Weiterbildung«. In: Wiesbadener Kurier vom 5. April 2018, S. 21.

48 Vgl. »Grafik des Tages: Weiter Lernen«. In: Wiesbadener Kurier vom 10. Januar 2018, S. 8.

49 Vgl. »IT-Verband erregt mit Arbeitsplatz-Prognose Widerspruch«. In: Frankfurter Allgemeine Zeitung vom 3. Februar 2018, S. 17.

50 Vgl. Hawksworth, John; Berriman, Richard; Goel, Saloni: Will robots really steal our jobs? An international analysis of the potential long-term impact of automation. 2018.

51 Vgl. ManpowerGroup: Skills Revolution 2.0. Robots Need Not Apply: Human Solutions for the Skills Revolution. 2018.

52 Vgl. Stettes, Oliver: IW-Report 11/2018. »Keine Angst vor Robotern«. Köln 2018.

53 Dauth, Wolfgang; Findeisen, Sebastian; Südekum, Jens; Wößner, Nicole: »Die Roboter kommen – Effekte der Automatisierung im deutschen Arbeitsmarkt«. In: Düsseldorfer Institut für Wettbewerbsökonomie: DICE Policy Brief. März 2018, S. 5f., S. 6.

54 Vgl. http://news.gallup.com/poll/210728/one-four-workers-say-technology-eliminate-job.aspx vom 17. Mai 2017.

55 Vgl. https://de.statista.com/statistik/daten/studie/249086/umfrage/erwerbstaetige-nach-wirtschaftssektoren-in-den-eu-laendern/ vom 28. März 2018.

56 Vgl. http://www.faz.net/aktuell/wirtschaft/diginomics/wo-gibt-es-die-groesste-zahl-an-robotern-ifr-bericht-15437540.html vom 11. Februar 2018.

57 Vgl. https://www.welt.de/wirtschaft/karriere/bildung/article120237878/Ein-deutsches-Modell-macht-Schule.html vom 28. März 2018.

58 Alle Daten dieses Kapitels stammen aus dem Jahr 2016 – sofern nicht anders angegeben.

59 Die Bewertung erfolgte anhand einer Fünf-Punkte-Skala, wobei 1 »überhaupt nicht wichtig« und 5 »äußerst wichtig« bedeutet.

60 Die Bewertung erfolgte anhand einer Fünf-Punkte-Skala, wobei 1 »überhaupt nicht zufrieden« und 5 »äußerst zufrieden« bedeutet.

61 Vgl. https://www.destatis.de/DE/ZahlenFakten/GesamtwirtschaftUmwelt/VerdiensteArbeitskosten/VerdiensteVerdienstunterschiede/Tabellen/Bruttomonatsverdienste.html vom 1. März 2018.

62 Vgl. Robinson, Jennifer: »Happiness is Love – and $75,000«. In: Gallup Business Journal vom 17. November 2011.

63 Vgl. https://www.destatis.de/DE/ZahlenFakten/GesellschaftStaat/EinkommenKonsumLebensbedingungen/EinkommenEinnahmenAusgaben/Tabellen/Haushaltsgroesse.html vom 1. März 2018.

64 Vgl. Jahoda, Marie; Lazarsfeld, Paul F.; Zeisel, Hans: Die Arbeitslosen von Marienthal. 1975.

65 Vgl. https://www.impulse.de/recht-steuern/steuertipps/steuerfreie-arbeitgeberleistungen/3540348.html vom 11. November 2016.

66 Vgl. https://www.welt.de/print/die_welt/wirtschaft/article155506335/Management-Karriere-Kompakt.html vom 20. Mai 2016.

67 Alle Daten dieses Kapitels stammen aus dem Jahr 2016 – sofern nicht anders angegeben.

68 Vgl. Kahneman, Daniel; Krueger, Alan B.; Schkade, David A.; Schwarz, Norbert; Stone, Arthur A.: »A Survey Method for Characterizing Daily Life Experience: The Day Reconstruction Method«. In: Science Vol 306 (2014), S. 1776–1780.

69 Vgl. Rath, Tom; Harter, Jim: Well Being. The Five Essential Elements. New York 2010.

70 Vgl. Buckingham, Marcus; Coffman, Curt: Erfolgreiche Führung gegen alle Regeln. 4. Auflage. Frankfurt/Main 2012.

71 Vgl. Harter, James K.; Schmidt, Frank L.; Agrawal, Sangeeta; Plowman, Stephanie K.; Blue, Anthony: The Relationship Between Engagement at Work and Organizational Outcomes 2016 Q¹²® Meta-Analysis: Ninth Edition. 2016.

72 Alle Daten dieses Kapitels stammen aus dem Jahr 2016 – sofern nicht anders angegeben.

73 Alle Daten dieses Kapitels stammen aus dem Jahr 2016 – sofern nicht anders angegeben.

74 Alle Daten dieses Kapitels stammen aus dem Jahr 2014 – sofern nicht anders angegeben.

75 Alle Daten dieses Kapitels stammen aus dem Jahr 2015 – sofern nicht anders angegeben.

76 Vgl. Bundesagentur für Arbeit, Statistik/Arbeitsmarktberichterstattung: Die Arbeitsmarktsituation von Frauen und Männern 2016 (Berichte: Blickpunkt Arbeitsmarkt). Nürnberg 2017.

77 Vgl. Bundesministerium für Arbeit und Soziales: Chancengleichheit von Frauen und Männern am Arbeitsplatz. Berlin 2017.

78 Vgl. Dürndorfer, Martina; Nink, Marco; Wood, Gerald: Human-Capital Management in deutschen Unternehmen. Hamburg 2005, S. 82ff.

79 Vgl. »Kein altes Eisen. Generation 50 plus: fördern statt ausmustern«. In: Apotheken Umschau (2005/8), S. 56–61.

80 Statistisches Bundesamt: »Bevölkerung und Erwerbstätigkeit. Erwerbsbeteiligung der Bevölkerung. Ergebnisse des Mikrozensus zum Arbeitsmarkt« (Mikrozensus 2016, Fachserie 1 Reihe 4.1). Wiesbaden 2017.

81 Vgl. Gallup: Span of Control Analysis. An Analysis of Employee Engagement Across Team Size Using the Gallup Employee Engagement Client Database. 2012.

82 Befragte ohne Führungsverantwortung: 14 Prozent hohe emotionale Bindung, 71 Prozent geringe emotionale Bindung und 14 Prozent keine emotionale Bindung.

83 Vgl. Agrawal, Sangeeta; Harter, James: The Cascade Effect of Employee Engagement: A Longitudinal Study. Washington, D.C. 2010.

84 Vgl. Nink, Marco: »German Workers Equally Satisfied With Male and Female Managers«. In: Gallup Blog vom 3. Dezember 2012.

85 Buckingham, Marcus; Coffman, Curt: Erfolgreiche Führung gegen alle Regeln. Wie Sie wertvolle Mitarbeiter gewinnen, halten und fördern. 4. aktualisierte und erweiterte Auflage. Frankfurt/Main 2012, S. 20.

86 Vgl. Nink, Marco: »Schlummerndes Potenzial in Unternehmen wecken«. In: Personalwirtschaft (1/2008), S. 25f.

87 Vgl. Statistisches Bundesamt: »Bevölkerung und Erwerbstätigkeit. Erwerbsbeteiligung der Bevölkerung. Ergebnisse des Mikrozensus zum Arbeitsmarkt« (*Mikrozensus 2016*, Fachserie 1 Reihe 4.1). Wiesbaden 2017.

88 Vgl. Festinger; Leon: »A Theory of Social Comparison Processes«. In: Human Relations (1954/Vol 7, Issue 2), S. 117–140.

89 Alle Daten dieses Kapitels stammen aus dem Jahr 2013 – sofern nicht anders angegeben.

90 Vgl. Rutigliano, Tony; Brim, Brian: Strength Based Selling. New York. 2010, S. 10.

91 Performance-Management ist die Leistungsmessung, -steigerung und -kontrolle mit dem Ziel der kontinuierlichen Verbesserung individueller Leistung; alle Daten dieses Kapitels stammen aus dem Jahr 2016 – sofern nicht anders angegeben.

92 Vgl. https://www.haufe.de/personal/hr-management/performance-management-frank-hoyck-zeigt-kritikpunkte-auf_80_437618.html vom 24. Januar 2018.

93 Alle Daten dieses Kapitels stammen aus dem Jahr 2018 – sofern nicht anders angegeben.

94 Vgl. Gallup: Engagement Predicts Earnings Per Share. Omaha, NE. 2006.

95 Vgl. Harter, James K.; Schmidt, Frank L.; Agrawal, Sangeeta; Plowman, Stephanie K.; Blue, Anthony: The Relationship Between Engagement at Work and Organizational Outcomes 2016 Q12® Meta-Analysis: Ninth Edition. 2016.

96 Vgl. Rath, Tom; Conchie, Barry: Strengths Based Leadership. Great Leaders, Teams, And Why People Follow. New York 2008.

97 Vgl. Beck, Randall; Harter, James: »Why Good Managers Are So Rare«. Harvard Business Review. March 13, 2014.

98 Vgl. Benson, Alan; Li, Danielle; Shue, Kelly: Promotions and the Peter Principle. February 12, 2018.

99 Vgl. Clifton, Donald O.; Nelson, Paula: Soar with your strength. New York 1992.

100 Vgl. Beck, Randall; Harter, James: »Why Good Managers Are So Rare«. Harvard Business Review«. March 13, 2014.

101 Vgl. Gallup: State of the American Manager. Insights for Business Leaders. Washington, D.C. 2014, S. 11.

102 Vgl. Dunn, Barbara; Nink, Marco: »Gibt es die geborene Führungskraft?« In: die bank (2014/12), S. 76–79.

103 Vgl. Gallup: How many individuals have the natural talent to manage others? Gallup methodology for determining the percent of managers with »high« and »basic« levels of managerial talent. May 2014.

104 Vgl. planung & analyse: »Studie Mitarbeiterbefragung in Deutschland«. Dezember 2014.

105 Vgl. Nink, Marco; Robison, Jennifer: »The Damage Inflicted by Poor Managers«. In: Gallup Business Journal vom 20. Dezember 2016; vgl. Nink, Marco; Robinson, Jennifer: »Can Bad Managers Be Saved?« In: Gallup Business Journal vom 21. Dezember 2016.

106 Vgl. Gallup: Q12® Company-Level Change Analysis. Growth in Employee Engagement over time. Based on a Review of Gallup's Q12 Database, 2000–2014 (interne und unveröffentlichte Daten). 2016.

107 Die Berechnung erfolgte auf Grundlage von Gallups Employee Engagemement Gesamtdatenbank 2018. Diese umfasst alle Auftraggeber aus dem Zeitraum von 2013 bis 2017. Dabei handelt es sich um insgesamt 1134 Unternehmen.

108 Vgl. Agrawal, Sangeeta; Harter, James: The Cascade Effect of Employee Engagement: A Longitudinal Study. Washington, D.C. 2010.

109 S.M.A.R.T ist ein Akronym für **s**pezifisch, **m**essbar, **e**rreichbar, **r**ealistisch, **t**erminiert. Eine Maßnahme ist nur dann S.M.A.R.T., wenn sie diese fünf Kriterien erfüllt.